电力电缆动态载流及路径探测技术

祝 贺 著

科 学 出 版 社

北 京

内 容 简 介

本书系统地介绍电力电缆动态载流及路径探测技术。全书共 13 章，主要内容包括直埋敷设方式电缆热电耦合模型校验、双回土壤直埋敷设电缆群热电耦合特性分析、外热源作用下电缆暂态载流量数学模型及校验、外热源作用下电缆稳态载流量仿真研究、外热源作用下电缆实时载流量仿真研究、外热源作用下电缆沟敷设电缆通风增容研究、无线长自由电缆回波的时域方程与时域仿真、掩埋电缆回波的频域方程与频域仿真、海底电缆路径精测回波试验及特征分析、电力电缆路径检测系统的理论研究与分析、电力电缆路径检测系统的硬件设计、电力电缆路径检测系统的软件设计、系统的组装调试及现场实测。

本书可作为电力系统及其自动化专业研究生的学习资料，也可供电气工程相关专业技术人员参考。

图书在版编目(CIP)数据

电力电缆动态载流及路径探测技术/祝贺著.—北京：科学出版社，2018.11

ISBN 978-7-03-059606-2

Ⅰ.①电… Ⅱ.①祝… Ⅲ.①电力电缆－载流量－教材 Ⅳ.①TM247

中国版本图书馆CIP数据核字(2018)第263759号

责任编辑：吴凡洁　王楠楠 / 责任校对：彭　涛
责任印制：张　伟 / 封面设计：铭轩堂

科 学 出 版 社 出版

北京东黄城根北街 16 号
邮政编码：100717
http://www.sciencep.com

北京中石油彩色印刷有限责任公司 印刷
科学出版社发行　各地新华书店经销

*

2018 年 11 月第　一　版　开本：720×1000　1/16
2019 年 3 月第二次印刷　印张：10 1/2
字数：199 000

定价：88.00 元

(如有印装质量问题，我社负责调换)

前　言

电力电缆具有架空输电线路不可替代的特质，使得电力电缆越来越多地应用到电力企业生产实际。电力电缆运行特性趋于复杂化和敷设情况的不明显化已给电力电缆运行、检测带来重大影响。

为解决上述问题，本书着重介绍在复杂敷设环境下电力电缆动态载流量数学模型及其求解方法、增容措施；海底电缆精测回波试验及运行特征；电力电缆路径检测理论、检测系统软硬件设计等内容。本书理论性强，作者在多年教学、科研工作中，结合实际工程需求，注重理论联系实际，力求用简洁的数学物理方法求解实际工程问题，尽量避开烦冗的公式推导和数据分析。

本书撰写时依据我国现行的标准、规范，结合吉林省输电工程安全与新技术实验室近年来的科研成果，并融合了作者的教学及科研经验。

本书写作过程中得到硕士研究生严俊韬、刘程、何旭、李映桥、于博文、刘豪、李柄坤等的帮助，在此表示衷心的感谢。

由于作者水平有限，书中难免存在不足之处，敬请广大读者予以批评指正。

作　者

2018 年 8 月于东北电力大学

目　　录

第1章　直埋敷设方式电缆热电耦合模型校验

以所选取的高压电力电缆为例,本章在简单介绍此电缆的结构和敷设方式的基础上,对单根、单回、多回土壤直埋敷设方式的电缆进行热电耦合仿真计算,并与 IEC(国际电工委员会)算法进行对比,而且依据 IEC 理论计算单回土壤直埋敷设电缆的载流量数值,从而验证耦合模型的准确性。

1.1　高压电力电缆的结构及各项敷设参数

对比分析各种绝缘性能电缆,可发现交联聚乙烯(cross-linked polyethylene, XLPE)电缆具有可塑性高、受热形变小、持续高温作用下耐拉和抗腐蚀能力强等优点。因此 XLPE 电缆目前广泛应用于各电压等级的输电线路中。常用的 XLPE 电缆分单芯和多芯两种,其中 110kV 及以上电压等级的输电线路多采用单芯电力电缆;10kV 和 35kV 电压等级的输电线路多采用多芯电力电缆。

本书主要研究对象为 8.7/15kV YJV 1×400 的 XLPE 单芯电力电缆,其结构如图 1-1 所示。电缆结构从外到内分别为外护套、金属屏蔽层、绝缘层、导体。其中绝缘层的作用是阻止缆芯导体与地面之间发生电荷移动。金属屏蔽层主要用来防止水进入绝缘层。外护套主要用来承受外界机械力,使电缆免受外力破坏,并且外护套常采用聚乙烯材料。

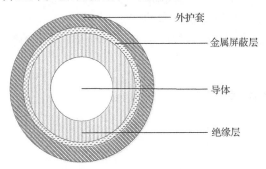

图 1-1　单芯电力电缆截面图

本章的热电耦合模型针对单根和单回两种工况下的直埋敷设方式电缆进

行仿真研究，其电缆的结构尺寸和导热系数如表 1-1 所示，电缆的电特性参数如表 1-2 所示。

表 1-1　电缆的结构尺寸和导热系数

结构名称	半径(厚度)/mm	导热系数/(W/(m·K))
导体	11.9	400
绝缘层	5.9	0.2857
金属屏蔽层	0.3	160
外护套	2.3	0.1667

表 1-2　电缆的电特性参数

结构名称	电导率/(S/m)	相对介电常数
导体	5.998×10^7	1
绝缘层	1×10^{-15}	2.5
金属屏蔽层	3.774×10^7	2.4
外护套	1×10^{-16}	8

1.2　水平排列电力电缆载流量解析计算

电缆载流量大小直接取决于电缆缆芯温度，电缆缆芯温度主要取决于通过电缆的电流量及其散热环境，电缆的电流量取决于用户需求及调度人员的控制。因此，另外一个重要因素就是散热环境。电缆各层不同的损耗直接影响电缆的导热效果，周围敷设环境的变化会严重影响电缆的散热条件。因此电缆内部的传热方式及电缆各层的损耗计算对计算电缆的载流量大小有着至关重要的作用。

1.2.1　电缆内部热量传递方式

在对电缆的温度场与载流量进行计算时，根据传热学知识，将电缆的热量传递分为以下三种方式。

1)热对流

热对流是指流体与流体或流体与固体之间存在温差，从而导致流体发生相对移动，产生热量传递的现象。当冷空气流经电缆绝缘层表面时，由于空气具有黏性力作用，紧贴电缆绝缘层表面的空气不流动，热量以固体导热的方式进行传递；距离电缆表面较远的空气以主流速度运动，也就是与电缆绝缘层发生对流换热。因此，电缆与其表面上方的空气有热对流和热传导两种传热方式。

　　针对直埋和通风电缆沟两种敷设方式的电缆，热对流又包含自然对流和强制对流两种。不同流体密度与温度导致的是空气的自然对流，在通风电缆沟内鼓风机的强制压力导致的是强制对流。

　　根据对流换热基本方程，传递的热量 q 与流体和固体表面的温差成正比：

$$q = h\Delta t , \quad \Phi = Ah\Delta t \tag{1-1}$$

式中，h 为电缆表面传热系数（$W/(m^2 \cdot K)$）；Δt 为电缆表面与空气的温差，取正值；Φ 为通过电缆面积 A 的热流量（W）。

　　2）热传导

　　热传导即电缆表面和空气接触部分因为存在温差而发生的热量从高温区向低温区传递的现象。根据傅里叶定律，热流密度与热量传递方向的变化率成正比：

$$q = \frac{\Phi}{A} = -\lambda \frac{\partial t}{\partial x} \tag{1-2}$$

式中，负号表示热量传递的方向；λ 为电缆表面的导热系数（$W/(m \cdot K)$）。

　　3）热辐射

　　物体因自身的温度而具有向外发射能量的本领，这种热量传递的方式称为热辐射，且物体辐射的能量随温度的升高而增大。因此电缆的热量传递包含热辐射方式，根据热辐射定律，电缆表现的辐射能 Φ 计算公式为

$$\Phi = \varepsilon' A\sigma(T^4 - T_1^4) \tag{1-3}$$

式中，ε' 为电缆表面物质的发射率，$\varepsilon' \leqslant 1$；A 为电缆的表面积（m^2）；σ 为玻尔兹曼常量；T 为电缆表面温度（℃）；T_1 为周围空气温度（℃）。

1.2.2　导体交流电阻的计算

　　因为以 XLPE 电力电缆为例进行计算，依据 IEC 60287 标准，所以缆芯导体在最高工作温度（90℃）下单位长度的交流电阻由式（1-4）给出：

$$R = R'(1 + Y_s + Y_p) \tag{1-4}$$

式中，R' 为最高工作温度下单位长度导体的直流电阻(Ω/m)；Y_s 为趋肤效应因数；Y_p 为邻近效应因数。

导体在最高工作温度下单位长度的直流电阻为

$$R' = R_0[1 + \alpha_{20}(T - 20)] \tag{1-5}$$

式中，R_0 为 20℃时单位长度导体的直流电阻(Ω/m)；α_{20} 为 20℃时材料的温度系数；T 为导体的最高工作温度(℃)。

趋肤效应因数 Y_s 由式(1-6)计算：

$$Y_s = \frac{x_s^4}{192 + 0.8x_s^4} \tag{1-6}$$

式中，$x_s^2 = \frac{8\pi f}{R'} \times 10^{-7} k_s$，$f$ 为电源频率(Hz)，k_s 为导体干燥浸渍与否的系数，取值为 $1\Omega/(\mathrm{m \cdot Hz})$。代入求得 $x_s^2 = 3.482$，代入式(1-6)得 $Y_s = 0.06$。

邻近效应因数 Y_p 与电力电缆缆芯数和根数有关，这里针对三根单芯电力电缆水平排列的方式进行计算，其邻近效应因数 Y_p 为

$$Y_p = \frac{x_p^4}{192 + 0.8x_p^4}\left(\frac{d_c}{s}\right)^2 \times \left[0.312\left(\frac{d_c}{s}\right)^2 + \frac{1.18}{\frac{x_p^4}{192 + 0.8x_p^4} + 0.27}\right] \tag{1-7}$$

式中，d_c 为导体直径(mm)；s 为各导体轴心之间的距离(mm)；$x_p^2 = \frac{8\pi f}{R'} \times 10^{-7} k_p$，对于该类型的电缆，$k_p$ 取值为 $1\Omega/(\mathrm{m \cdot Hz})$。

仿真模型中 $s = 250$mm，代入式(1-7)求得 $Y_p = 3.14 \times 10^{-3}$。将求得的 Y_s 与 Y_p 代入式(1-4)中求得该型号电缆单位长度的交流电阻 $R = 3.837 \times 10^{-5}\ \Omega$/m。

1.2.3　电缆绝缘损耗计算

依据 IEC 60287 标准，绝缘损耗与电缆电压有关，每相中单位长度的绝缘损耗可由式(1-8)计算：

$$W_{\mathrm{d}} = \omega c U_0^{\ 2} \tan \delta \tag{1-8}$$

式中，U_0 为电缆相电压(V)；$\tan \delta$ 为绝缘损耗因数(取值为 0.001，取自《电线电缆手册》)；c 为单位长度电缆的电容；ω 为电源角频率，$\omega = 2\pi f$。

单位电缆导体电容可由式(1-9)求出：

$$c = \frac{\varepsilon}{18 \ln \left(\dfrac{D_{\mathrm{i}}}{d_{\mathrm{c}}} \right)} \times 10^{-9} \tag{1-9}$$

式中，ε 为绝缘材料的介电常数(ε=2.3，取自于《电线电缆手册》)；D_{i} 为绝缘层直径(mm)；d_{c} 为导体直径(mm)。

根据已知参数值，代入式(1-9)，求得 $c = 1.843 \times 10^{-10}$ F/m，代入式(1-8)求得单位长度的绝缘损耗 W_{d}=0.237W/m。

1.2.4　电缆金属护套的损耗计算

依据 IEC 60287 标准，金属护套的功率损耗包括环流损耗 λ_1' 和涡流损耗 λ_1''，所以总损耗为

$$\lambda_{\mathrm{T}} = \lambda_1' + \lambda_1'' \tag{1-10}$$

首先计算单位长度金属(铝)护套的电阻 R_{s}，已知 20℃铝的电阻率 $\rho_{\mathrm{s}} = 2.84 \times 10^{-8} \Omega \cdot \mathrm{m}$，电阻的温度系数 $\alpha_{\mathrm{s}} = 0.00403$，护套工作温度为 90℃。则通过式(1-10)求得工作温度下单位长度铝护套的电阻 $R_{\mathrm{s}} = 6.587 \times 10^{-5} \Omega/\mathrm{m}$。

其次，当三根单芯电缆水平排列时，电缆导体轴间距离 s=0.25m，金属护套的直径 d=0.06m，外侧电缆护套与另外两根电缆的导体之间的互抗可由式(1-11)求出：

$$X_{\mathrm{m}} = 200 \times 10^{-7} \pi \ln 2 (\Omega/\mathrm{m}) \tag{1-11}$$

相邻两个单芯电缆单位长度护套的电抗可由式(1-12)求出：

$$X = 200 \times 10^{-7} \pi \ln \left(2 \frac{s}{d} \right) (\Omega/\mathrm{m}) \tag{1-12}$$

三根电缆水平排列，中间一根与两侧的电力电缆间距相等，不换位，金属护套两端互连时损耗最大的那根电缆(即载有滞后相的外侧电力电缆)的损

耗因数可由式(1-13)求出：

$$\lambda'_{11} = \frac{R_s}{R}\left[\frac{0.75P^2}{R_s + P^2} + \frac{0.25Q^2}{R_s^2 + Q^2} + \frac{2R_s PQX_m}{\sqrt{3}(R_s^2 + P^2)(R_s^2 + Q^2)}\right] \tag{1-13}$$

超前相电力电缆的损耗因数由式(1-14)求出：

$$\lambda'_{12} = \frac{R_s}{R}\left[\frac{0.75P^2}{R_s + P^2} + \frac{0.25Q^2}{R_s^2 + Q^2} - \frac{2R_s PQX_m}{\sqrt{3}(R_s^2 + P^2)(R_s^2 + Q^2)}\right] \tag{1-14}$$

中间相电力电缆的损耗因数由式(1-15)求出：

$$\lambda'_{1m} = \frac{R_s}{R}\frac{Q^2}{R_s^2 + Q^2} \tag{1-15}$$

且 $Q = X - X_m/3$，$P = X + X_m$。求得 $\lambda'_{11} = 1.607$，$\lambda'_{12} = 1.173$，$\lambda'_{1m} = 1.185$。其中，中间相电缆最热，取 $\lambda'_1 = \lambda'_{1m} = 1.185$，且 $\lambda''_1 = 0$，即涡流损耗忽略不计。

1.2.5 热阻的计算

依据 IEC 60287 标准，对电缆各层热阻进行计算。

1) 绝缘热阻的计算

对于单芯电力电缆，即一根导体与金属护套之间的绝缘热阻 R_1 由式(1-16)计算：

$$R_1 = \frac{\rho_{T1}}{2\pi}\ln\left(1 + \frac{2t_1}{d_c}\right) \tag{1-16}$$

式中，ρ_{T1} 为绝缘材料的热阻系数(K·m/W)；t_1 为导体和金属护套之间的绝缘厚度(mm)；d_c 为导体直径(mm)。取 $\rho_{T1} = 3.5\text{K·m/W}$，代入式(1-16)，求得 $T_1 = 0.55\text{K·m/W}$。

2) 外护套热阻计算

外护套一般是同心圆结构，外护套热阻 R_3 由式(1-17)计算：

$$R_3 = \frac{\rho_{T3}}{2\pi}\ln\left(1 + \frac{2t_3}{D'_a}\right) \tag{1-17}$$

式中，t_3 为外护套厚度(mm)；D'_a 为外护套外径(mm)。取 $\rho_{T3} = 6\text{K·m/W}$，代

入式(1-17)，求得 $R_3 = 0.174\text{K} \cdot \text{m/W}$。

3）土壤中敷设电缆外部热阻计算

对于等间距、水平排列且损耗相等的三根单芯电力电缆，可根据式(1-18)计算其热阻 T_4：

$$R_4 = \frac{\rho_{T4}}{2\pi} \ln \left\{ \left(u + \sqrt{u^2 - 1} \right) + \ln \left[1 + \left(\frac{2L}{s_1} \right)^2 \right] \right\} \tag{1-18}$$

式中，ρ_{T4} 为土壤的热阻系数($\text{K} \cdot \text{m/W}$)；$L$ 为电缆的埋深(mm)；s_1 为相邻电缆之间的轴心距离(mm)。$u = 2L / D_e = 46.729$(D_e 为电缆外径)，代入式(1-18)中求得 $R_4 = 1.311\text{K} \cdot \text{m/W}$。

1.2.6　水平排列单芯电缆载流量求解

依据 IEC 60287 标准，电缆载流量计算公式如下：

$$I = \sqrt{\frac{\Delta T_c - W_d (0.5 R_1 + R_3 + R_4)}{R[R_1 + (1 + \lambda_1)(R_3 + R_4)]}} \tag{1-19}$$

式中，ΔT_c 为电缆导体允许最高温度与周围媒介温度的差值。

针对 8.7/15kV YJV 1×400 的 XLPE 单芯水平排列直埋敷设电力电缆，式(1-19)中各项参数均已求出，当缆芯达到最高工作温度 90℃时，将各项参数代入式(1-19)求得 $I = 912.37\text{A}$。

1.3　单根电缆热电耦合特性仿真分析

为验证电缆热电耦合模型的正确性与准确性，本节以 8.7/15kV YJV 1×400 的 XLPE 单芯电缆为例，在电缆表面温度为 43.5℃的条件下，仿真分析单芯电缆温度场分布与载流量，因为敷设条件简单、单一，所以应用 IEC 算法校验单根电缆热电耦合仿真计算结果。

建立单芯电缆热电耦合模型，给电缆设置初始电流 700A，并在 Z 轴方向加耦合电压。金属屏蔽层一端接入大地，无换流存在，设置成开路状态。电缆网格剖分如图 1-2 所示。

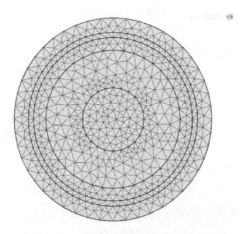

图 1-2　单根电缆网格剖分示意图

　　图 1-3 为电缆缆芯到电缆外表面径向温度变化曲线图,图 1-4 为电缆温度场分布云图。从图 1-3、图 1-4 可以看出,电缆缆芯温度最高为 61.63℃,从缆芯到电缆表面温度逐渐下降,且距离缆芯越远,温度下降越快,值越低。这正好验证了缆芯是焦耳热的主要来源,所以缆芯温度值最高。

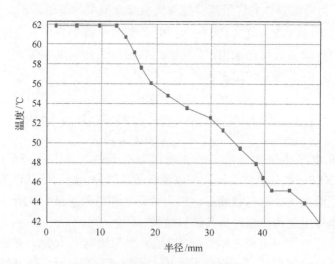

图 1-3　电缆径向温度变化曲线

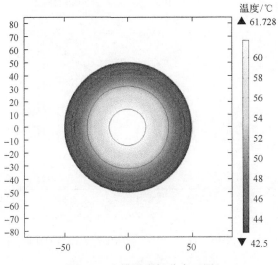

图 1-4　电缆温度场分布云图

表 1-3 给出了在 700A 电流作用下单根电缆在热电耦合模型和 IEC 算法下的计算结果，可见热电耦合模型和 IEC 算法计算结果相差 2.5%。误差的原因在于热电耦合模型的缆芯损耗是根据实际热电耦合算出来的，而传统的 IEC 算法是在规定电缆缆芯温度为 90℃时计算的电缆缆芯损耗，考虑到实际参数随时间、温度的变化，得出热电耦合模型计算得更加准确，更加接近实际电缆损耗。

表 1-3　电缆缆芯温度对比

计算方法	热电耦合模型	IEC 算法
缆芯温度/℃	61.63	63.20

对电缆缆芯施加以不同的电流，绘制出热电耦合模型与 IEC 算法的电缆缆芯温度变化的对比曲线，如图 1-5 所示。

由图 1-5 可见，两种算法计算的数值接近且曲线走势相同，特别是当缆芯温度等于 90℃时，两种算法载流量基本相同。

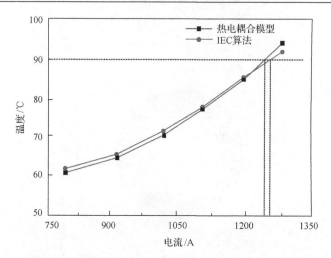

图 1-5　热电耦合模型与 IEC 算法电缆载流量对比曲线图

1.4　单回水平排列电缆热电耦合特性仿真分析

在 ANSYS Workbench 中建立土壤直埋敷设单回水平排列电缆的热电耦合模型，给电缆缆芯导体施加 700A 的初始电流，并且也在 Z 轴方向上施加耦合电压，金属屏蔽层一端接地，电缆土壤直埋敷设单回水平排列截面图如图 1-6 所示。

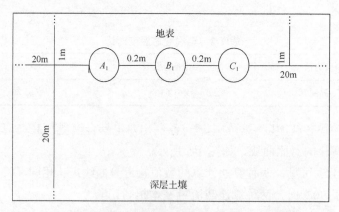

图 1-6　电缆土壤直埋敷设单回水平排列截面图

其敷设条件如图 1-6 所示：单回水平一字排列的电缆群敷设在土壤下方 1m 处，以深层土壤及电缆左右 20m 为敷设边界，且相邻两电缆的中心水平距离为 0.2m,土壤导热系数为 $1W/(m·K)$,电缆群结构参数和材料的物性参数按表 1-1、表 1-2 设置。

针对电缆土壤直埋敷设特点,设置其边界条件。

(1)深层土壤温度基本保持恒定不变,即设定土壤温度为 8℃,设置下边界条件如式(1-20)所示:

$$\begin{cases} \dfrac{\partial^2 T}{\partial x^2}+\dfrac{\partial^2 T}{\partial y^2}=0 \\ T(x,y)\big|_\Gamma=8 \end{cases} \tag{1-20}$$

(2)电缆群左右边界为 20m,垂直土壤边界温度梯度为 0,则其边界条件如式(1-21)所示:

$$\lambda \dfrac{\partial T}{\partial n}\big|_\Gamma=0 \tag{1-21}$$

式中,n 为边界条件法向量;Γ 为积分边界;λ 为导热系数。

(3)土壤上表面有空气流动,所以存在对流换热,设置其边界条件如式(1-22)所示:

$$\begin{cases} -\lambda \dfrac{\partial t}{\partial n}\big|_\Gamma=h(T-T_f) \\ T_f=25 \\ h=12.5W/(m^2·K) \end{cases} \tag{1-22}$$

式中,t 为时间;T_f 为地表空气温度;h 为对流换热系数。

$$\begin{cases} h=Nu\dfrac{\lambda}{l} \\ Nu=C(GrPr)^n_m \\ Gr=\dfrac{g\beta l^3 \Delta T}{V^2} \end{cases} \tag{1-23}$$

式中,Nu 为努塞尔数;Pr 为普朗特数;Gr 为格拉晓夫数;V 为比热容;l 为换热长度;β 为体积变化系数,对于理想气体即为重力加速度等于绝对温度的导数;g 为重力加速度。

　　单回水平排列电缆网格剖分图如图 1-7 所示。为方便与精确计算，电缆周围三角网格较密集，外部土壤区域网格较稀疏。设定每根电缆初始电流为 700A，设置迭代步，使电缆缆芯温度达到 90℃，此时热电耦合模型计算得到电缆载流量为 916.82A，与 IEC 算法计算结果（912.37A）非常接近。图 1-8 为电流为 500～1000A 时电缆的缆芯温度。

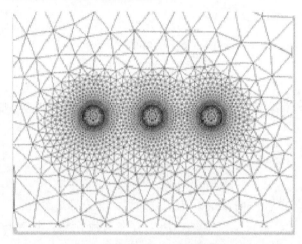

图 1-7　单回水平排列电缆网格剖分图

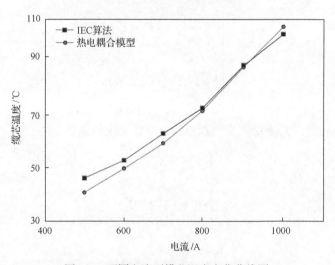

图 1-8　不同电流下缆芯温度变化曲线图

　　由图 1-8 可知，土壤直埋敷设电缆的热电耦合模型与 IEC 算法的结果很接近，也进一步验证了热电耦合模型的正确性。

由图 1-9 可知，中间相电缆缆芯温度最高为 90℃，从电缆导体到深层土壤，温度呈下降趋势，并且距离电缆缆芯越远，温度下降得越快，最终温度趋向不变。

图 1-9　电流为 916.82A 时电缆温度场分布云图

由图 1-10 可知，两侧电缆受电磁关系影响，邻近效应比中间相电缆小，这直接导致两侧电缆缆芯导体损耗较小，进而使得中间相电缆缆芯温度最高，同时由于相位的影响，左侧电缆金属屏蔽层涡流损耗最小。

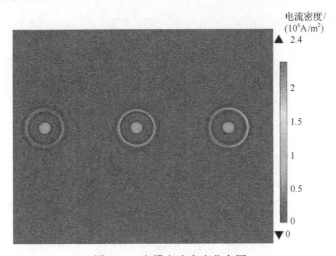

图 1-10　电缆电流密度分布图

综合以上分析计算，传统 IEC 算法对单回水平一字排列直埋敷设电缆载流量的计算是很准确的，但是在实际工况下，多回电缆敷设受邻近效应影响较大，如果也应用 IEC 算法对实际电缆运行载流量直接进行估算，就会致使计算值与实际运行值偏离很大；而热电耦合模型恰好具备对复杂条件敷设电缆载流量进行计算的优势,可以准确考虑电缆的邻近效应、涡流损耗等影响,对在工程实际中计算电缆载流量具有一定的价值。

1.5 多回土壤直埋敷设电缆群热电耦模型准确性校验

随着我国经济的快速发展,用电量逐渐增加,为节省空间、高效利用土地面积,电力电缆多以多回集群方式敷设,这直接导致电缆之间的电磁和热的相互作用更加强烈,电缆群的载流量计算与多种因素有关,本节主要通过 IEC 算法校验多回土壤直埋敷设电缆群热电耦合模型的准确性。多回电缆群直埋敷设条件与单回电缆直埋敷设条件、结构参数及边界条件完全一样,其计算模型如图 1-11 所示。

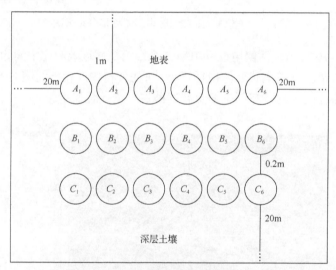

图 1-11 多回电缆计算模型

与单回路相同,采用热电耦合模型和 IEC 算法分别对不同回路载流量进行计算,图 1-12 给出了两种算法的详细计算结果。

由图 1-12 可知,两条曲线具有相同的递减趋势,由曲线图可以明显看出六回路电缆敷设载流量数值比单回敷设数值减少了约 50%;并且随着回路的不断增加,两条曲线逐渐分离,间距也不断增大,这也正好说明了 IEC 算法随着电缆回路数的增加计算结果偏离实际值这一现象。图 1-13 为两种算法多回电缆载流量的相对误差曲线图,由曲线可知,当电缆群六回路敷设时,IEC 算法计算结果比热电耦合模型计算结果偏大 5.2%。

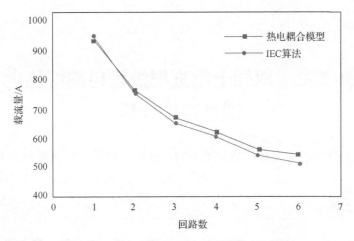

图 1-12　多回电缆载流量两种算法对比曲线

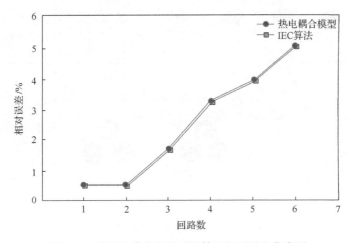

图 1-13　多回电缆载流量两种算法相对误差曲线图

不断增加电缆的回路数目，热效应对电缆计算影响增大，而 IEC 60287 标准完全没有考虑此因素对电缆载流量的影响，因此，针对多回电缆敷设的载流量估算会有很大的误差。显然，热电耦合模型从耦合场本质出发，进行电缆的多个物理场耦合计算，可以准确计算电缆损耗。因此，对于多回电力电缆群载流量的计算，热电耦合模型计算结果理论上更加准确，然而为更进一步验证热电耦合模型的准确性，最合理有效的办法是进行现场试验。

第 2 章　双回土壤直埋敷设电缆群热电耦合特性分析

根据双回电力电缆排列方式的不同，选取应用最广泛、最具代表性的三种水平排列方式，并依据土壤直埋敷设特点，分别建立相应的敷设模型，如图 2-1 所示。

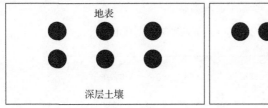 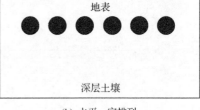

(a) 上下一字排列　　　　　　　　　　(b) 水平一字排列

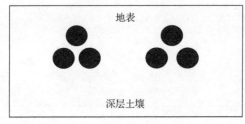

(c) 水平三角形排列

图 2-1　双回土壤直埋敷设电力电缆三种排列方式图

2.1　双回土壤直埋敷设电缆上下一字排列热电耦合特性分析

双回土壤直埋敷设电缆上下一字排列放置时，依据实际工况建立其热电耦合模型，具体敷设条件如图 2-2 所示。

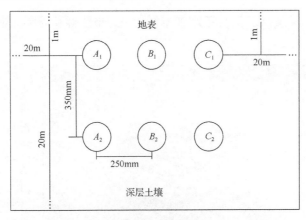

图 2-2　双回土壤直埋敷设电力电缆上下一字排列方式

图 2-2 中 A_1、B_1、C_1 为第一条回路，A_2、B_2、C_2 为第二条回路。敷设条件为左右及深层土壤距离最外侧电缆 20m，第一条回路埋设于土壤地下 1m处，相同回路相邻两相电缆(如 A_1 与 B_1)中心轴线间距为 250mm，回路之间(如 A_1 和 A_2)中心轴线间距为 350mm。依据以上敷设条件，对六根电缆计算区域进行网格剖分，如图 2-3 所示。

图 2-3　双回电缆上下一字排列计算网格剖分图

边界条件设置：土壤深层温度恒定为 8℃，按第一类温度边界条件设置；垂直于左右边界土壤的热流量密度为 0，按第二类温度边界条件设置；空气自然对流系数为 12.5W/(m²·K)，地表空气温度设置为 25℃，按第三类温度边界条件设置。

当电力电缆最高工作温度为 90℃时，电力电缆群及周围土壤温度场分布云图如图 2-4 所示。

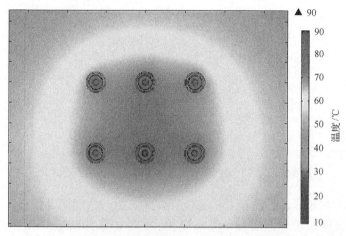

图 2-4　双回土壤直埋敷设电缆上下一字排列温度场分布云图

当某根电缆缆芯工作温度升至 90℃时，电缆载流量为 698.82A，按照图 2-2 所示的电缆编号，各电力电缆缆芯温度如表 2-1 所示。

表 2-1　双回土壤直埋敷设电缆上下一字排列各缆芯温度

参数	A_1	B_1	C_1	A_2	B_2	C_2
温度/℃	82.82	87.38	84.13	85.40	90	86.70

对比编号的六根电缆，敷设于第二条回路的中间电缆达到最高工作温度。由表 2-1 整体电缆温度分布可知，相同位置不同深度的电缆，第一条回路电缆的温度明显低于第二条回路。由此也证明了敷设深度对电缆分析是有一定影响的。单独分析第一条回路，A_1 相和 C_1 相电缆的温度也存在差异，究其原因是周围敷设环境不同(相当于外热源不同)。相同回路不同位置敷设的电缆产生的涡流损耗不一样，特别是多回电缆邻近敷设，周围电缆产生的热量对不同位置电缆的影响效果必然是有差异的。

由图 2-4 得到如图 2-5 所示的等温曲线图。图 2-5 仅表示出电缆附近区域的等温线图，由图 2-5 可见，双回土壤直埋敷设电缆上下一字排列时，第二回路电缆中间相处等温线最密集，且该相电缆达到 90℃。

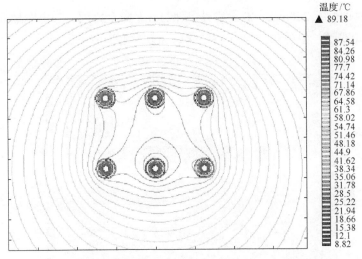

图 2-5　双回土壤直埋敷设电缆上下一字排列等温曲线图

2.2　双回土壤直埋敷设电缆水平一字排列热电耦合特性分析

双回电力电缆水平一字排列时，其热电耦合模型与敷设参数设置如图 2-6 所示。

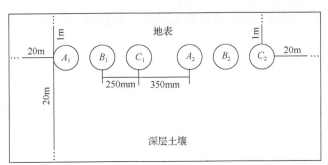

图 2-6　双回土壤直埋敷设电力电缆水平一字排列

左侧敷设的三根电缆为第一条回路，右侧敷设的三根电缆为第二条回路。六根电力电缆完全相同，且同一回路电缆中心轴线距离相等。敷设条件为电缆中心轴线距离土壤表面 1m，左右边界距离 A_1、C_2 电缆各 20m，下边界距离电缆群中心轴线 20m，C_1、A_2 电缆轴心距离为 350mm，每个回路内电力电缆之间轴心距离 250mm。敷设边界条件与 3.1 完全相同。当电缆最高工作温度达到 90℃时，电缆载流量为 735.34A，温度场分布如图 2-7 所示。

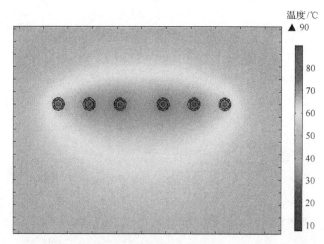

图 2-7　双回直埋敷设电缆水平一字排列温度场分布云图

　　图 2-7 是电缆缆芯温度为 90℃时电力电缆所在区域部分的温度场分布云图，对于整个耦合场区域，不考虑距离电力电缆较远的深层土壤温度变化，因此只给出电缆附近区域温度场分布云图。图 2-7 中，各电力电缆缆芯的温度如表 2-2 所示。

表 2-2　双回直埋敷设电缆水平一字排列缆芯温度表

参数	A_1	B_1	C_1	A_2	B_2	C_2
温度/℃	81.42	88.18	90	90	88.18	81.42

　　由表 2-2 的数据可知，A_2 和 C_1 的电缆缆芯温度最高为 90℃，为两个回路最中心的两根电缆。这两根电缆不仅受到各自电缆本身发热的影响，还受到其他回路电缆发热的影响，最终使得 A_2 与 C_1 电缆温度最高。而 A_1 与 C_2 的电力电缆距离左右土壤边界最近，缆芯温度最低，仅为 81.42℃，与两根中心电缆温度相差 8.58℃。并且由数据和温度场分布云图可见，若以电缆两回路最中间位置为轴，则模型的温度场为轴对称的。该温度场的等温线分布如图 2-8 所示，从图 2-8 中可以更加清晰地看到电缆及其周围环境的温度分布情况。

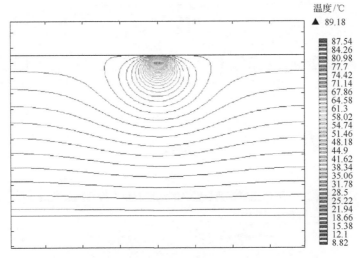

图 2-8　双回土壤直埋敷设电缆水平一字排列等温线图

电缆本身各层材料参数不同以及电缆周围敷设环境不同导致电缆区域周围温差变化最大，如图 2-8 所示，电缆附近区域等温线分布最密集。距离电缆较远的区域等温线分布稀疏，且不同等温线之间的距离也越来越明显，表明在这些区域温度变化受电缆发热影响逐渐减小，且土壤深层温度基本不受电缆正常运行发热的任何影响。在左右边界的土壤区域，温度基本无变化，等温线基本上呈水平直线分布。总结图 2-8 等温曲线分布：电缆周围等温线分布最为密集，整个区域曲线对称分布，结果与表 2-2 中所示的温度结果一致，再次证明了仿真的准确性。

2.3　双回土壤直埋敷设电缆水平三角形排列热电耦合特性分析

双回土壤直埋敷设电缆水平三角形排列电缆热电耦合模型及敷设条件如图 2-9 所示。

其中敷设参数的设置与电缆一字排列时略有差别，埋设深度为电缆（A_1 与 A_2）中心到地面的距离为 1m，最外侧电缆（B_1 与 C_2）距离土壤外边界 20m，两个回路间电缆（C_1 与 B_2）的距离为 350mm。对建立的模型进行网格剖分，结果如图 2-10 所示。

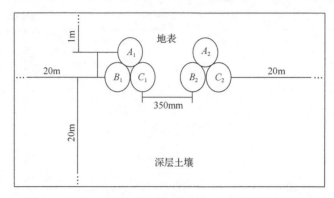

图 2-9　双回土壤直埋敷设电缆水平三角形排列耦合模型

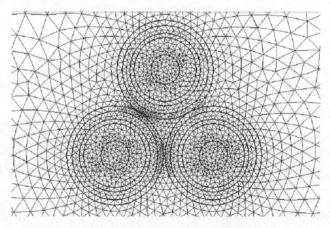

图 2-10　三角形排列电缆网格剖分图

　　根据金属套环流与涡流损耗系数的计算公式,三角形排列时电缆的损耗系数计算与一字排列时的计算方法不同。所以,设置金属屏蔽层损耗系数为0.0195,其他边界条件与水平一字排列完全相同。计算所得到的电缆及其周围土壤温度场分布云图如图 2-11 所示。当电缆导体最高工作温度达到 90℃时,载流量为 690.72A。可见电缆区域周围温度较高,各电缆缆芯温度如表 2-3 所示。

　　同回路的三根电力电缆三角形排列时,电缆之间的距离较小,以 $A_1B_1C_1$ 回路为例,A_1 相导体与 C_1 相缆芯温度相差 2.84℃,B_1 相缆芯与 C_1 相导体温度相差 2.10℃。因为当电缆呈三角形排列时,相互之间的距离较小,为电缆的直径大小,又不同电缆相对于另一回路的电缆距离不同,其所受到的热影响也不相同,所以每根电缆温度有微小的差别。此外,易发现两回路间相对应位置的电缆导体温度趋于相同,这表明该热电耦合模型所计算的电缆温度场基本对称。根据图 2-11 得到等温线分布图如图 2-12 所示。由图 2-12 可见，两回路及其周围的温度分布是基本相同的。

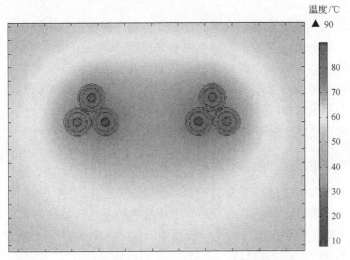

图 2-11　双回土壤直埋敷设电缆水平三角形排列温度场分布云图

表 2-3　双回直埋敷设电缆水平三角形排列缆芯温度表

参数	A_1	B_1	C_1	A_2	B_2	C_2
温度/℃	87.16	87.90	90.00	87.15	90.00	87.93

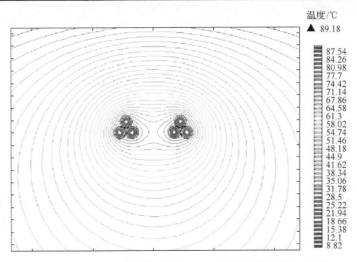

图 2-12　双回直埋敷设电缆水平三角形排列等温线分布图

2.4　土壤直埋敷设载流量影响因素分析

影响电力电缆载流量的因素，一部分是电缆的自身结构特点和各层材料属性，另一部分是电缆敷设的环境因素(空气温度变化、土壤特性等)、敷设方式、电缆排列方式、金属护套是否接地及其他不连续介质的参数。通过对土壤直埋敷设电缆热电耦合特性的分析，可得到各个因素变化对直埋敷设电缆载流量的影响趋势，可进而为选择电缆线路敷设方式与设计电缆线路排列方式，以及提高和充分利用电缆系统的传输能力提供理论指导、实际参考。

2.4.1　空气温度变化对电缆载流量的影响

影响电缆载流量的一个重要因素是空气温度变化。空气温度时刻变化不定，不但受季节变化影响，而且每一天中空气温度也可能随时发生较大的变化。若仅考虑空气温度变化对电缆载流量的影响，图 2-13 为不同空气温度下电缆载流量的变化趋势曲线。

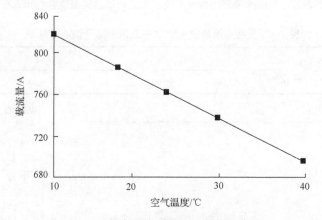

图 2-13　空气温度对载流量的影响曲线

根据图 2-13 可以得知电力电缆的载流量随空气温度的变化趋势。电缆载流量随着空气温度的升高而降低。这是由于当空气温度升高时，土壤与电缆之间的温差减少，对流换热能力降低。相反，当空气温度降低时，土壤与电缆温差增大，对流换热能力得到加强，电缆载流量相应升高。在其他敷设条件参数不变的工况下，电缆周围空气温度每变化 1℃，电力电缆载流量大约浮动 4A，且基本沿线性曲线变化。

2.4.2　土壤热阻系数对电缆载流量的影响

直埋敷设电缆主要通过土壤向外散发热量，因此土壤热阻系数的大小对电缆载流量的影响很大。土体类型差异、土壤密度不同、土壤含水率差异及不同地区土壤的热特性不同都可能导致土壤热阻系数变化。以上几个因素中，对热阻系数的影响最为明显的是土壤含水率。保证其他敷设条件不变，图 2-14 为土壤热阻系数对电力电缆的载流量的影响曲线。

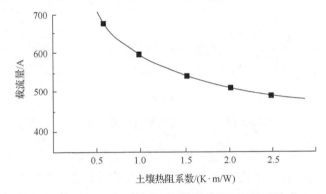

图 2-14　土壤热阻系数对载流量变化的影响曲线

根据图 2-14 可以得知，土壤热阻系数变化对电力电缆的影响呈非线性趋势。土壤热阻系数增大，电缆载流量逐渐下降，同时由曲线变化斜率可知，当土壤热阻系数增大到一定值时，电缆载流量趋于不再变化。主要原因在于电缆长期运行时，缆芯导体温度升高，导热过程不断进行和发生，进而导致电缆各层温度升高，最终通过绝缘外护套的温度升高使电缆周围敷设土壤的水分发生蒸发遗失，土壤热阻系数逐渐变大，一步步恶化电缆的散热条件。土壤热阻系数增大，直接导致电缆本体与外界的传热能力降低，则电缆热量散发不出去，电缆载流量大幅度降低。

2.4.3　土壤温度对电缆载流量的影响

电力电缆的载流量变化很大部分是由土壤温度的变化引起的。土壤温度较高时与电缆表面温差较小，直接影响电缆本体向外扩散热量，电缆内部多余的热量不能及时散出，导致电缆的载流量数值相应降低。图 2-15 为不同土壤温度下电力电缆的载流量变化趋势曲线。

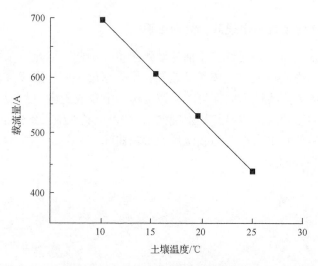

图 2-15　土壤温度对载流量影响曲线

根据图 2-15,很明显可以看出电力电缆的载流量和土壤温度变化的关系。当土壤温度升高时,电缆散热环境恶化,电缆周围土壤与电缆工作温差减小,电缆缆芯导体产生的热量不能及时地通过周围敷设土壤散发到外界。同时考虑温度升高导致部分土壤的水分遗失,周围土壤一步步由湿润变为干燥,进而对电缆载流量的影响会越来越明显。当其他敷设参数不变时,土壤温度每变化 1℃,土壤直埋敷设电缆的载流量大约浮动 14A ,且土壤温度变化对电缆载流量的影响是线性的。

2.4.4　埋设深度对电缆载流量的影响

电缆直埋敷设工况下,另一个对电缆的载流量影响较大的因素就是埋设深度。图 2-16 为电力电缆埋设深度对电缆载流量的影响曲线。

根据图 2-16 可以得知,当保证土壤热阻系数这一因素不发生变化时,随着电缆埋设深度的增加,电缆缆芯与大地表面空气进行对流换热变难,换热能力变差。当埋设深度增大到一定值时,电缆与地表几乎不进行对流换热,土壤厚度的增大也导致换热路径的延长,电缆的散热更加困难,直接导致电缆载流量数值降低。

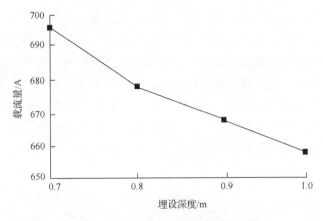

图 2-16　埋设深度对载流量的影响曲线

2.4.5　敷设间距对电缆载流量的影响

　　另一个影响载流量的重要因素就是电缆之间的敷设间距。恰当的敷设间距不但节约线路走廊，而且对电缆的散热也有一定的影响。合理控制缆芯的温度，对电力电缆的载流量提高有一定帮助。图 2-17 为电缆的敷设间距对电力电缆载流量的影响曲线。

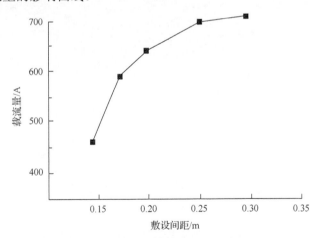

图 2-17　敷设间距对电缆载流量的影响曲线

　　根据图 2-17 可以得知，控制其他敷设参数不变，电缆间敷设间距对电缆载流量的影响基本按上凸递增曲线变化，但当电缆间敷设间距改变到某一数值时，其对电缆载流量的影响几乎没有了。最初仿真开始时电缆间距较近，电缆附近相当于添加了不同发热源，受周围电缆散发热量的影响，电缆缆芯导体温度迅速上升，从而导致电缆载流量下降。当敷设间距逐渐增大时，电缆受周围电缆发热的影响逐渐减小，散热条件逐渐优良，对电缆的载流量的提高有很大帮助。仍然增大电缆敷设间距时，基本就可以忽略电缆之间的相互影响，电缆载流量数值就会趋于稳定值。据数据统计，电缆敷设间距为 0.2～0.30m 时，间距每变化 0.01m，电缆载流量会上下浮动 3.5A；敷设间距大于 0.30m 后，电缆载流量几乎无变化。

第3章 外热源作用下电缆暂态载流量数学模型及校验

3.1 电缆暂态热路模型及求解

假设外热源(热力管道等)与电缆沟平行敷设,且长度远远大于直径,可当作平面场问题处理;并将电缆沟内电缆产生的热量和外热源传递的热量分开考虑。

3.1.1 建立电缆暂态热路模型

这里在电缆稳态热路模型的基础上,通过比较热路与电路的相似性,建立电力电缆暂态热路模型,如图3-1所示。

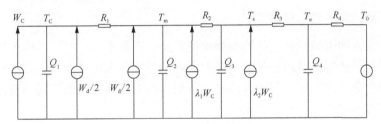

图 3-1 电力电缆暂态热路模型

图 3-1 中,热流 W_C 相当于电路中的电流源,取决于加载负荷的大小;W_d 为介质损耗;热路模型中的热阻相当于电路中的电阻,具有阻碍传热的作用;λ_1、λ_2 为导热系数。与稳态热路模型不同之处在于暂态热路模型需要考虑热容的存在,相当于电路中的电容,其具有储存能量作用。

介质损耗 W_d 以两种形式存在,一种是存储在电缆内,数值为 $W_d/2$;另一种是通过绝缘层散出热量,数值为 $W_d/2$。

根据电缆各部分组成特性,求得电缆暂态热路模型中热容的表达式:

$$
\begin{cases}
Q_1 = Q_c + PQ_i \\[2mm]
Q_2 = (1-P) \cdot Q_i + P'Q_s + Q_{cp} \\[2mm]
Q_3 = (1-P')Q_s \\[2mm]
Q_4 = Q_l \\[2mm]
P = \dfrac{1}{2\ln\left(\dfrac{D_i}{d_c}\right)} - \dfrac{1}{\left(\dfrac{D_i}{d_c}\right)^2 - 1} \\[6mm]
P' = \dfrac{1}{2\ln\left(\dfrac{D_e}{D_s}\right)} - \dfrac{1}{\left(\dfrac{D_e}{D_s}\right)^2 - 1}
\end{cases} \tag{3-1}
$$

式中，Q_c、Q_i、Q_s、Q_{cp}、Q_l 分别为导体、绝缘层、金属套、铠装、外护套的热容$(\mathrm{J/(K \cdot m)})$；D_s、D_e、D_i 分别为外护套内径、电缆外径、绝缘套直径(mm)；P、P'分别为绝缘层热容分配比例和外护层热容分配比例；d_c 为电缆缆芯直径(mm)。

3.1.2　简化电缆暂态热路模型

考虑到四阶微分暂态热路模型求解复杂、变量多，不利于解析求解，这里利用等效热容代替电缆各部分热容之和的思想，采用二分支热路，对完整的四阶微分暂态热路模型进行简化，得到二阶微分暂态热路模型，简化后的电缆暂态热路模型如图 3-2 所示。

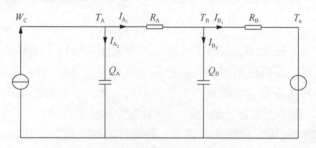

图 3-2　简化后的电缆暂态热路模型

由图 3-2 可得到，电缆缆芯温度 T_C 用 T_A 代替。对比完整的电缆暂态模型，得出简化后热路模型中的参数：

$$\begin{cases} R_{\mathrm{A}} = R_1 \\ R_{\mathrm{B}} = q_s R_3 \\ Q_{\mathrm{A}} = Q_{\mathrm{C}} + P Q_{\mathrm{i}} \\ Q_{\mathrm{B}} = (1-P)Q_{\mathrm{i}} + \dfrac{P'Q_{\mathrm{j}} + Q_{\mathrm{s}}}{q_s} \end{cases} \quad (3\text{-}2)$$

式中，q_s 为导体、金属套总损耗与导体损耗的比值，即 $1+\lambda_1$；Q_j 为外护层的热容，$J/(K \cdot m)$。

3.1.3　求解简化后的电缆热路模型

由图 3-2 可得到，根据热电相似性，实际上该热路模型相当于二阶阻容电路，因此可以通过求解二阶电路的全响应的方法来求解，其热流计算表达式和温度计算表达式分别见式(3-3)、式(3-4)：

$$\begin{cases} I_{\mathrm{A}_2} = Q_{\mathrm{A}} \dfrac{\mathrm{d}T_{\mathrm{A}}}{\mathrm{d}t} \\ I_{\mathrm{A}_1} = W_{\mathrm{C}} - I_{\mathrm{A}_2} \\ I_{\mathrm{B}_2} = Q_{\mathrm{B}} \dfrac{\mathrm{d}T_{\mathrm{B}}}{\mathrm{d}t} \\ I_{\mathrm{B}_1} = I_{\mathrm{A}_1} - I_{\mathrm{B}_2} \end{cases} \quad (3\text{-}3)$$

$$\begin{cases} T_{\mathrm{A}} - T_{\mathrm{B}} = I_{\mathrm{A}_1} R_{\mathrm{A}} \\ T_{\mathrm{B}} - T_{\mathrm{e}} = I_{\mathrm{B}_1} R_{\mathrm{B}} \\ T_{\mathrm{Ae}} = T_{\mathrm{A}} - T_{\mathrm{e}} \end{cases} \quad (3\text{-}4)$$

式中，T_{Ae} 为电缆缆芯与电缆外表面的温度差值(K)。

当单独考虑加载的负荷电流的变化时，电力电缆外表面温度 T_{e} 不变，联立式(3-3)与式(3-4)，求得 T_{Ae} 的二阶微分方程：

$$(R_{\mathrm{A}}Q_{\mathrm{A}}R_{\mathrm{B}}Q_{\mathrm{B}})T''_{\mathrm{Ae}} + (R_{\mathrm{A}}Q_{\mathrm{A}} + R_{\mathrm{B}}Q_{\mathrm{B}} + R_{\mathrm{B}}Q_{\mathrm{A}})T'_{\mathrm{Ae}} + T_{\mathrm{Ae}} = (R_{\mathrm{A}} + R_{\mathrm{B}})W_{\mathrm{C}} \quad (3\text{-}5)$$

令 $N = R_{\mathrm{A}}Q_{\mathrm{A}}R_{\mathrm{B}}Q_{\mathrm{B}}$，$M = \dfrac{1}{2}(R_{\mathrm{A}}Q_{\mathrm{A}} + R_{\mathrm{B}}Q_{\mathrm{B}} + R_{\mathrm{B}}Q_{\mathrm{A}})$，$C = (R_{\mathrm{A}} + R_{\mathrm{B}})W_{\mathrm{C}}$，$y = R_{\mathrm{Ae}}$，则可简化成二阶常系数微分方程：

$$y'' + \frac{2M}{N}y' + \frac{1}{N}y = \frac{C}{N} \quad (3\text{-}6)$$

对式(3-6)非齐次线性微分方程求解，先转化为齐次线性微分方程：

$$y'' + \frac{2M}{N}y' + \frac{1}{N}y = 0 \tag{3-7}$$

$$r^2 + \frac{2M}{N}r + \frac{1}{N} = 0 \tag{3-8}$$

特征根：

$$r_{1,2} = \frac{-M \pm \sqrt{M^2 - N}}{N} \tag{3-9}$$

对于电缆实际运行情况，$\sqrt{M^2 - N} > 0$。

令

$$\begin{cases} a = \dfrac{-M + \sqrt{M^2 - N}}{N} \\ b = \dfrac{-M - \sqrt{M^2 - N}}{N} \end{cases} \tag{3-10}$$

求得通解：

$$y = C_1 e^{-at} + C_2 e^{-bt} \tag{3-11}$$

式中，C_1、C_2 为常数。

二阶常系数非齐次线性微分方程的通解：

$$y = C_1 e^{-at} + C_2 e^{-bt} + y^* \tag{3-12}$$

式中，y^* 为特解。

由于 C/N 为常数，特解属于 $f(x) = e^{\lambda x} P_m(x)$ 型，则将 $\lambda = 0$、$m = 0$ 代入特征方程(3-8)，得

$$\lambda^2 + \frac{2M}{N}\lambda + \frac{1}{N} = \frac{1}{N} \neq 0 \tag{3-13}$$

特解 y^* 为定值，得

$$y^* = b_0 \tag{3-14}$$

将式 (3-14) 代入式 (3-12) 得

$$y^* = C \tag{3-15}$$

因此, 求得通解为

$$y = C_1 e^{-at} + C_2 e^{-bt} + C \tag{3-16}$$

当 $t=0$ 时, $y = T_{\text{Ae0}}$, T_{Ae0} 为初始状态下电缆缆芯温度和电缆外表面温度之差, 则

$$C_1 + C_2 = T_{\text{Ae0}} - W_{\text{C}} \left(R_{\text{A}} + R_{\text{B}} \right) \tag{3-17}$$

对式 (3-16) 求导得

$$y' = -aC_1 e^{-at} - bC_2 e^{-bt} \tag{3-18}$$

当 $t=0$ 时, $y' = W_{\text{C}} / Q_{\text{A}}$, 得

$$-aC_1 - bC_2 = W_{\text{C}} / Q_{\text{A}} \tag{3-19}$$

联立式 (3-18) 与式 (3-19), 求得 C_1、C_2:

$$\begin{cases} C_1 = \dfrac{-W_{\text{C}}}{a-b} \left[\dfrac{1}{Q_{\text{A}}} - b\left(R_{\text{A}} + R_{\text{B}} \right) \right] - \dfrac{b}{a-b} T_{\text{Ae0}} \\[3mm] C_2 = \dfrac{W_{\text{C}}}{a-b} \left[\dfrac{1}{Q_{\text{A}}} - a\left(R_{\text{A}} + R_{\text{B}} \right) \right] + \dfrac{a}{a-b} T_{\text{Ae0}} \end{cases} \tag{3-20}$$

将式 (3-20) 中 C_1、C_2 相加, 得

$$C_1 + C_2 = T_{\text{Ae0}} - W_{\text{C}} \left(R_{\text{A}} + R_{\text{B}} \right) \tag{3-21}$$

令 $R_{\text{a}} = \dfrac{W_{\text{C}}}{a-b} \left[\dfrac{1}{Q_{\text{A}}} - b\left(R_{\text{A}} + R_{\text{B}} \right) \right]$, $R_{\text{b}} = \dfrac{-W_{\text{C}}}{a-b} \left[\dfrac{1}{Q_{\text{A}}} - a\left(R_{\text{A}} + R_{\text{B}} \right) \right]$, 得

$$R_{\text{A}} + R_{\text{B}} = R_{\text{a}} + R_{\text{b}} \tag{3-22}$$

则可简化式 (3-20), 得

$$\begin{cases} C_1 = -R_a - \dfrac{b}{a-b}T_{Ae0} \\ C_2 = -R_b + \dfrac{a}{a-b}T_{Ae0} \end{cases} \tag{3-23}$$

当电力电缆初次加载负荷电流时,电缆缆芯与电缆外表面温度之差为零,即 $T_{Ae0}=0$,则 T_{Ae} 的表达式为

$$T_{Ae}(t) = W_C\left[R_a\left(1-e^{-at}\right) + R_b\left(1-e^{-bt}\right)\right] \tag{3-24}$$

从而求得电缆缆芯温度表达式为

$$T_C(t) = W_C\left[R_a\left(1-e^{-at}\right) + R_b\left(1-e^{-bt}\right)\right] + T_e \tag{3-25}$$

若在电缆运行中突加负荷电流,突加电流前电缆缆芯与电缆外表面温度之差不为零,即 $T_{Ae0} \neq 0$,则 T_{Ae} 的表达式为

$$T_{Ae}(t) = W_C\left[R_a\left(1-e^{-at}\right) + R_b\left(1-e^{-bt}\right)\right] - \frac{T_{Ae0}}{a-b}\left(be^{-at} - ae^{-bt}\right) \tag{3-26}$$

从而求得电缆缆芯温度表达式为

$$T_C(t) = W_C\left[R_a\left(1-e^{-at}\right) + R_b\left(1-e^{-bt}\right)\right] + \frac{T_{Ae0}}{a-b}\left(be^{-at} - ae^{-bt}\right) + T_e \tag{3-27}$$

3.2　建立外热源作用下电缆暂态载流量数学模型

3.2.1　建立外热源热场数学模型

假设外热源(热力管道等)与电缆沟平行敷设,且长度远远大于直径,可当成平面场问题处理,即认为只沿径向散热。如图 3-3 所示,距中心距离 x 处,取单位长度、厚度为 dx 的圆柱体。设单位时间流入该体积的热流为 W,单位时间该体积发出的热流为 $W+W_i dV$;单位时间该体积流出的热流为 $dW+W$;单位时间该体积内能增量为 $\rho c dT/dt$,其中,ρ 为介质密度(kg/m³),C 为比热容(J/(kg·k));根据能量守恒定律、热流连续原理得出

$$W + W_i dV = dW + W + \rho c \frac{dT}{dt} \tag{3-28}$$

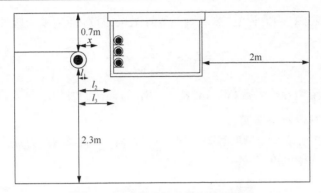

图 3-3　外热源热流平衡方程的说明

由傅里叶定律得

$$\frac{\mathrm{d}W}{\mathrm{d}x} = -2\pi\lambda_1\left(x\frac{\mathrm{d}^2T}{\mathrm{d}x^2} + \frac{\mathrm{d}T}{\mathrm{d}x}\right) \tag{3-29}$$

将式(3-29)代入式(3-28)得

$$W_i = -\lambda_1\left(\frac{\mathrm{d}^2T}{\mathrm{d}x^2} + \frac{1}{x}\frac{\mathrm{d}T}{\mathrm{d}x}\right) + \rho c\frac{\mathrm{d}T}{\mathrm{d}t} \tag{3-30}$$

3.2.2　求解外热源热场数学模型

1)计算沟槽外壁温度

假设外热源不随时间变化，处于稳态，且无其他损耗发热，即 $\frac{\mathrm{d}T}{\mathrm{d}t} = 0$，

$W_i = 0$，则式(3-30)改为

$$\frac{\mathrm{d}^2T}{\mathrm{d}x^2} + \frac{1}{x}\frac{\mathrm{d}T}{\mathrm{d}x} = 0 \tag{3-31}$$

对式(3-31)积分求解得

$$T = a_1\ln x + b_1 \tag{3-32}$$

管道热流全部进入土壤中，根据傅里叶定律得

$$W = W_G = -2\pi\lambda_1 l_1 \frac{\mathrm{d}T}{\mathrm{d}x}\bigg|_{x=l_1} \tag{3-33}$$

如图 3-3 所示，当 $x=l_1$(外热源最外侧)时，$T=T_C$；当 $x=l$ 时，$T=T_l$，

求得距离外热源(热力管道、蒸汽管道等)l处的温度,即电缆沟槽外壁温度T_l:

$$T_l = T_C - W_G \frac{1}{2\pi\lambda_1} \ln \frac{l}{l_1} \tag{3-34}$$

式中,λ_1为土壤导热系数(W/(m·K));W_G为外热源发出的热流(功率)(W)。

2)计算沟槽内壁温度

如图 3-3 所示,沟槽壁导热,属于热传导,考虑沟槽壁为规则薄板导热,则电缆沟槽内壁温度T_{l_2}:

$$T_{l_2} = T_l + \frac{qd}{\lambda_2 A} \tag{3-35}$$

式中,λ_2为沟槽壁(混凝土)导热系数(W/(m·K));q为热流密度(W/m²);d为沟槽壁厚度(m);A为沟槽侧壁导热面积(m²)。

3)计算沟槽壁附近电缆所处位置温度

沟槽壁与沟槽附近温度属于对流换热,因为电缆位置与沟槽壁很近,可近似认为电缆所处位置温度等于沟槽附近温度,则电缆所处位置温度T_K为

$$T_K = T_{l_2} - \frac{\Phi}{hS} \tag{3-36}$$

式中,h为换热系数(W/(m²·K));S为换热面积(m²);Φ为对流换热量(W)。

3.2.3　计算电缆沟内空气温度

电缆沟内空气温度为

$$T_G = T_{e_1} + \frac{W_{TOT}}{3L} \tag{3-37}$$

式中,W_{TOT}为沟道中单位长度的总散热量(W/m);T_{e_1}为外界环境温度(K);L为沟道的有效散热长度(m),其中,暴露在太阳下的周长部分不包括在L内。

3.2.4　外热源作用下电缆暂态载流量数学模型

当电缆沟外部存在外热源(热力管道、蒸汽管道等)时,即加入外热源对其产生影响。运用温度叠加原理,则受外热源影响后温度分别为

$$T'(t) = T_C(t) + T_G + T_K \tag{3-38}$$

$$W_C = I^2 R \tag{3-39}$$

式中，R 为电缆导体的交流电阻（Ω / m）。联立式（3-27）、式（3-38）、式（3-39），可求出暂态载流量数学模型的表达式。

3.3　验证数学模型的正确性

为了验证无外热源时电缆暂态热路模型的准确性，本节采用实测数据及仿真数据验证，并在第 4 章对两种工况下仿真模型值与理论计算值进行对比，验证外热源作用下电缆暂态载流量数学模型。以型号为 YJLW03 64/110 1×500 的电缆为例，其电缆结构尺寸见表 3-1。

表 3-1　电缆参数表

结构	比热容/(J/(kg·K))	导热系数/(W/(m·K))
导体	390.6	108
绝缘层	1000	0.285
金属屏蔽层	925	60
外护套	3526	0.024

根据 IEC 60287 解析计算标准，代入相应热阻、热容等公式分别可求得相应参数。由表 3-1 可求得型号为 YJLW03 64/110 1×500 的电缆导体直径 d_c、绝缘厚度 t_1、内衬层厚度 t_2、外护套厚度 t_3 分别为 26.6mm、28.45mm、2mm、3.1mm；求得绝缘热阻 R_1、屏蔽热阻 R_2、外护套热阻 R_3 分别为 0.6372K·m/W、0.0498K·m/W、0.0381K·m/W；求得导体热容、绝缘层热容、金属屏蔽层热容、外护套热容分别为 2774.93J/(K·m)、1930.38J/(K·m)、3848.45J/(K·m)、1057.46J/(K·m)；进而根据已知参数可求得电力电缆暂态热路模型中的 R_a、R_b、a、b 等参数。

以型号为 YJLW03 64/110 1×500 的电缆为例，负荷电流从 0 加载到 600A，获得相应的无外热源实测数据；并在相同条件下，利用 ANSYS 计算软件得到仿真值，最后得到的实测值、仿真值、计算值如表 3-2 所示。

表 3-2 实测值、仿真值、计算值对比

持续时间/h	实测值/K	仿真值/K	计算值/K	三者最大差值/K
1	304.4	304.38	303.49	0.91
2	307.9	308.29	307.36	0.93
3	310.8	311.26	310.51	0.75
4	312.7	313.65	314.58	1.88
5	315.7	315.83	316.57	0.87
6	317.7	317.90	317.89	0.20
7	317.9	317.95	318.12	0.22
8	317.7	318.96	318.15	1.26
9	318.1	318.98	318.23	0.88
10	318.1	318.00	318.30	0.30
11	317.7	318.02	318.34	0.64
12	318.2	318.02	318.71	0.69

对比表 3-2 中实测值、仿真值、计算值，可知持续时间至 12h 时，其间已经达到稳定状态，大概在 6h 时进入稳态。另外，从表 3-2 中实测值、仿真值、计算值三者之间差值可以得出最大差值为 1.88K，其最大误差小于 5%，因此可以验证无外热源时电力电缆计算数学模型的正确性。

下面绘制实测值、仿真值、计算值对比曲线，如图 3-4 所示。

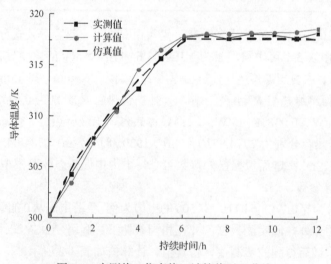

图 3-4 实测值、仿真值、计算值对比曲线

　　由图 3-4 可得到，理论计算、仿真计算、实测电缆导体的温升时间分别为 5.85h、6.1h、6h，三者之间最大差值为 0.25h，误差在 5%以内；且实测值、仿真值、计算值曲线变化趋势基本一致，证明了理论计算的准确性。同时由图 3-4 可得到，负荷电流从 0 加载到 600A，最终电缆导体温度达到稳定，此时电缆温度为 318.20K，远小于电缆正常运行最高温度限值(363K)，与电缆温度限值之差达到 44.95K，说明此时运行安全可靠，且具有很大的增容空间。确定电力电缆实时载流能力实质上是确定电力电缆实时导体温度是否超过限值(363K)。因此，有必要分析不同负荷电流下实时电缆导体温度，确定达到稳态情况的时间，这对于判断电缆导体是否处于安全运行状态，尤其对于在负荷高峰期确定应急时间至关重要。

第4章　外热源作用下电缆稳态载流量仿真研究

4.1　电力电缆稳态载流量解析计算

为在仿真计算模型中输入由电缆缆芯、绝缘层、屏蔽层等产生的损耗，并且通过 IEC 标准解析计算结果验证仿真模型的准确性，本节分别计算电缆导体交流电阻、电缆绝缘损耗、电缆金属套损耗、电缆本体热阻及外部热阻等参数。

4.1.1　计算电缆导体交流电阻

仿真模型加载的负载电流为交流电流，根据 IEC 60287 标准，电缆缆芯在最高温度(XLPE 电缆正常运行时，导体温度限值为 363K)下对应的单位长度交流电阻为

$$R = R'(1 + Y_\mathrm{s} + Y_\mathrm{p}) \tag{4-1}$$

式中，R' 为电缆缆芯单位长度的直流电阻(Ω/m)；Y_s 为趋肤效应因数；Y_p 为邻近效应因数。

最高温下电缆缆芯单位长度的直流电阻

$$R' = R_0[1 + \alpha_{20}(T - 20)] \tag{4-2}$$

式中，R_0 为 20℃时电缆缆芯单位长度的直流电阻(Ω/m)；α_{20} 为 20℃时材料的温度系数，数值为 0.00393；T 为导体的最高工作温度，数值为 90℃。

这里 $R_0 = 0.47 \times 10^{-4} \Omega/\mathrm{m}$，把相应参数代入式(4-2)中，求得最高温度下电缆缆芯单位长度的直流电阻 R' 为 $0.559 \times 10^{-4} \Omega/\mathrm{m}$。

由于电缆之间会互相影响，不可忽略趋肤效应因数 Y_s 和邻近效应因数 Y_p。

趋肤效应因数 Y_s 为

$$Y_\mathrm{s} = \frac{x_\mathrm{s}^4}{192 + 0.8 x_\mathrm{s}^4} \tag{4-3}$$

$$x_\mathrm{s}^2 = \frac{8\pi f}{R'} \times 10^{-7} k_\mathrm{s} \tag{4-4}$$

式中，f 为电源频率，数值为 50Hz；k_s 为与电缆缆芯相关的系数，数值为 $1\Omega/(\mathrm{m\cdot Hz})$，代入式 (4-4) 求得 $x_\mathrm{s}^2 = 2.1$，然后代入式 (4-3) 求得 $Y_\mathrm{s} = 0.023$。

邻近效应因数 Y_p 与电缆敷设根数及电缆构成有关，三根单芯电缆 (缆芯为圆形) 的邻近效应因数 Y_p：

$$Y_\mathrm{p} = \frac{x_\mathrm{p}^4}{192 + 0.8x_\mathrm{p}^4} \left(\frac{d_\mathrm{c}}{s}\right)^2 \times \left[0.312\left(\frac{d_\mathrm{c}}{s}\right)^2 + \frac{1.18}{\dfrac{x_\mathrm{p}^4}{192 + 0.8x_\mathrm{p}^4} + 0.27} \right] \tag{4-5}$$

式中，d_c 为电缆缆芯直径，数值为 23.8mm；s 为相邻电缆轴心之间的距离，数值为 250mm；x_p 为和电缆缆芯相关的系数，与 x_s 数值相同。将以上数值代入式 (4-5) 求得邻近效应因数 Y_p 为 8.303×10^{-4}。然后将 Y_s 与 Y_p 的数值代入式 (4-1)，求得单位长度的交流电阻 R 为 $0.572 \times 10^{-4}\Omega/\mathrm{m}$。

4.1.2　计算电缆绝缘损耗

电力电缆绝缘损耗与电缆接地电压、负载电流性质等相关，对于直流电缆及电压等级较小的电缆线路，可以忽略电缆绝缘损耗。每根电力电缆单位长度的绝缘损耗为

$$W_\mathrm{d} = \omega c U_0^2 \tan\delta \tag{4-6}$$

式中，$\tan\delta$ 为绝缘损耗因数，数值为 0.004；U_0 为对地电压，数值为 8700V；c 为单位长度电缆的电容 (F/m)。

圆形电缆缆芯单位长度电容：

$$c = \frac{\varepsilon}{18\ln\left(\dfrac{D_\mathrm{i}}{d_\mathrm{c}}\right)} \times 10^{-9} \tag{4-7}$$

式中，ε 为绝缘材料的介电常数，数值为 2.5；d_c 为电缆缆芯直径，数值为 23.8mm；D_i 为绝缘层外径，数值为 33.8mm。

将以上数值代入式 (4-7)，求得电缆缆芯单位长度电容 c 为 0.396×10^{-9}F/m。然后代入式(4-6)，求得每根电力电缆单位长度的绝缘损耗 $W_d = 0.038$W/m。

4.1.3 计算电缆金属护套的损耗

除了计算电缆绝缘损耗，电缆金属屏蔽损耗也不可忽略。电缆金属屏蔽损耗由环流损耗 λ'_1 和涡流损耗 λ''_1 组成，则总损耗为

$$\lambda = \lambda'_1 + \lambda''_1 \tag{4-8}$$

在本算例中，考虑到电缆金属套两端互连，可忽略电缆涡流损耗 λ''_1，即总损耗相当于环流损耗。首先求出电力电缆在最高温下对应的单位长度金属套电阻 R_s 为 $9.5\times 10^{-4}\Omega$/m。

相邻电力电缆单位长度金属护套的电抗：

$$X = 200\times 10^{-7}\pi \ \ln\left(2\frac{s}{d}\right) \ \ (\Omega / m) \tag{4-9}$$

外侧电缆和相邻两根电缆之间单位长度金属护套的电抗：

$$X_m = 200\times 10^{-7}\pi \ \ln 2 \ \ (\Omega / m) \tag{4-10}$$

若单回路电缆平面排列，且相邻电缆之间距离相同、电缆间不换位，则滞后相电力电缆损耗因数：

$$\lambda'_{11} = \frac{R_s}{R}\left[\frac{0.75P^2}{R_s + P^2} + \frac{0.25Q^2}{R_s^2 + Q^2} + \frac{2R_s PQX_m}{\sqrt{3}(R_s + P^2)(R_s^2 + Q^2)}\right] \tag{4-11}$$

超前相电力电缆损耗因数：

$$\lambda'_{12} = \frac{R_s}{R}\left[\frac{0.75P^2}{R_s + P^2} + \frac{0.25Q^2}{R_s^2 + Q^2} - \frac{2R_s PQX_m}{\sqrt{3}(R_s + P^2)(R_s^2 + Q^2)}\right] \tag{4-12}$$

中间相电力电缆损耗因数：

$$\lambda'_{1m} = \frac{R_s}{R}\frac{Q^2}{R_s^2 + Q^2} \tag{4-13}$$

根据已知参数，最终代入式 (4-11) ～式 (4-13) 分别求得 λ'_{11} =0.282，λ'_{12} =0.262，λ'_{1m} =0.112。

4.1.4　计算电缆本体热阻及外部热阻

为求解电缆稳态载流量，除求解电缆损耗及电缆缆芯交流电阻外，还需要求解电缆本体热阻；由于建立的仿真模型为电缆沟敷设情况，还需求解电缆外部热阻，即电缆沟内空气热阻和电缆沟内壁至地表面的热阻。

1) 计算电缆本体热阻

电缆绝缘热阻 R_1：

$$R_1 = \frac{\rho_{T1}}{2\pi} \ln\left(1 + \frac{2t_1}{d_c}\right) \tag{4-14}$$

式中，ρ_{T1} 为绝缘材料的热阻系数 $(\mathrm{K \cdot m/W})$；t_1 为导体和金属套之间的绝缘厚度 (mm)；d_c 为导体直径 (mm)。

电缆屏蔽热阻 R_2：

$$R_2 = \frac{\rho_{T2}}{2\pi} \ln\left(1 + \frac{2t_2}{D_s}\right) \tag{4-15}$$

式中，t_2 为外护层厚度 (mm)；D_s 为屏蔽层外径 (mm)。

电缆外护层热阻 R_3：

$$R_3 = \frac{\rho_{T3}}{2\pi} \ln\left(1 + \frac{2t_3}{D'_a}\right) \tag{4-16}$$

式中，t_3 为外护层厚度 (mm)；D'_a 为外护层外径 (mm)。

屏蔽层、绝缘及外护层的热阻系数数值分别为 $3.5\mathrm{K \cdot m/W}$、$7\mathrm{K \cdot m/W}$。根据表 4-2 中电缆本体尺寸参数，分别代入式 (4-14) ～式 (4-16) 求得 R_1、R_2、R_3 为 $0.22\mathrm{K \cdot m/W}$、$0.01\mathrm{K \cdot m/W}$、$0.14\mathrm{K \cdot m/W}$。

2) 计算电缆外部热阻

电缆沟散热主要通过电缆沟顶盖、电缆沟内壁、电缆沟底部。在电缆沟敷设情况下，电缆外部热阻包括两部分：电缆沟内空气热阻和电缆沟内壁至地表面的热阻。

电缆沟内空气热阻 R_{CT}:

$$R_{CT} = \cfrac{1}{\cfrac{1}{R_{KK} + R_{TK}} + \cfrac{1}{R_{KS}}} \tag{4-17}$$

$$R_{TK} = \frac{1}{2a(b_T + h_T)} \tag{4-18}$$

$$R_{KK} = \frac{1}{\pi D_e f_k \alpha_k} \tag{4-19}$$

$$R_{KS} = \frac{1}{\pi D_e f_s \alpha_s} \tag{4-20}$$

式中，R_{TK} 为电缆沟内壁对流散热热阻（K·m/W）；R_{KK} 为电缆表面对流散热热阻（K·m/W）；R_{KS} 为电缆表面辐射散热热阻（K·m/W）；h_T 为电缆沟内高度（m）；b_T 为电缆沟内宽度（m）；α 为散热系数，数值为 7.7W/(m²·K)；D_e 为电缆外径（m）；f_k 和 f_s 分别为在对流散热和辐射散热情况下根据电缆排列方式确定的修正系数；α_k 和 α_s 分别为对流散热系数和辐射散热系数。

电缆沟内壁至地表面热阻 R_{TE}:

$$R_{TE} = \cfrac{\rho_w}{\cfrac{4}{\pi}[1 + \ln(X_1 + X_2)] + \cfrac{b_T}{u}} \tag{4-21}$$

$$X_1 = \frac{\dfrac{h_T}{u} + 1}{\sqrt{2}}, \quad X_2 = \sqrt{X_1^2 - \frac{1}{2}} \tag{4-22}$$

式中，u 为盖板厚度（m）；ρ_w 为热阻系数（K·m/W）。

根据《电线电缆手册》查得 f_k、α_k、f_s、α_s 数值，进而可通过三维模型的剖面图，确定有关电缆沟尺寸参数，并代入式(4-17)~式(4-22)，最终求得电缆外部总热阻 $R_4 = R_{CT} + R_{TE}$ 之和，即 1.58K·m/W。

4.1.5　求解电缆稳态载流量

根据 IEC 60287 标准，计算电缆稳态载流量：

$$I = \sqrt{\frac{\Delta T - W_d[0.5R_1 + n(R_2 + R_3 + R_4)]}{RR_1 + nR(1 + \lambda_1)R_2 + nR(1 + \lambda_1 + \lambda_2)(R_3 + R_4)}} \tag{4-23}$$

式中，ΔT 为电缆导体允许最高温度与周围媒介温度之差。

电缆沟敷设情况下，环境温度为 293K，将上述求解参数值代入式(4-23)，求得电缆稳态载流量 I 为 602.1A。相同计算条件下，由仿真计算得出电缆稳态载流量 I 为 586A。仿真结果与 IEC 60287 标准计算结果误差为 2.67%，在 5%的误差范围内，证明了模型的有效性。按照上述解析方法可求得环境温度变化时的电缆载流量。

4.2　建立外热源干扰下电缆三维仿真模型及计算

4.2.1　确定模型假设条件

(1)模型计算时，由于计算电缆稳态温度场，不考虑时间因素。

(2)电缆导体、金属屏蔽层、绝缘层等材料之间的接触电阻对模型计算结果影响小，因此可以忽略不计。

(3)电缆导体、金属屏蔽层等材料及模型中其他材料均各向同性，且参数均为定值。

(4)电缆缆芯发热率为常数。

4.2.2　建立电缆三维仿真模型

本节根据外热源尺寸、边界条件确定的尺寸、电缆沟尺寸、电缆结构参数等，建立了外热源干扰下电缆三维模型及剖面尺寸图，如图 4-1 所示。

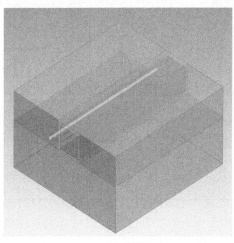

(a) 三维模型图

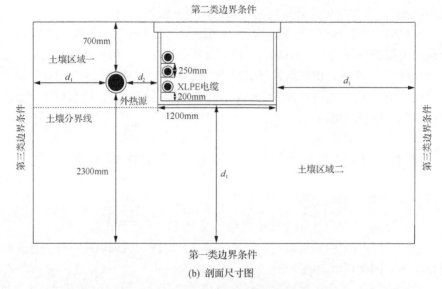

(b) 剖面尺寸图

图 4-1　外热源干扰下电缆三维模型及剖面尺寸图

由图 4-1(b)可看出，土壤部分存在两个区域。电缆沟及外热源附近土壤水分会因温度超过 323K 而发生变化，导致热阻系数增大，又因为外热源附近土壤温度常常远高于其他区域温度，所以需要将电缆沟槽外壁土壤分为两个域，分别为靠近外热源的土壤区域一和远离外热源的土壤区域二，即土壤分界线的上下两部分。

电缆敷设参数见表 4-1。

表 4-1　电缆敷设参数表

名称	材料	热传导系数 /(W/(m·K))	密度/(kg/m³)	比热容 /(J/(kg·K))	参数来源
导体	铜	387.6	8978	381	Fluent 材料库
绝缘层	塑料	0.28	950	2300	Workbench 材料库
金属屏蔽层	铜包带	16.27	8030	502.48	Fluent 材料库
外护套	塑料	0.28	950	2300	Workbench 材料库
电缆沟	混凝土	0.72	2300	780	Workbench 材料库
土壤		1	1800	840	IEC 60287 标准

通过建立负荷电流和导体发热之间的关系，引入体热生成率的概念，需要在 Fluent 中热源区域设置体热生成率数值。建立的三维仿真模型的纵向尺寸为 6m，因此取电缆长度为 6m，电缆缆芯为铜，其电阻率为 $1.7241 \times 10^{-8} \Omega \cdot m$，

单根电缆缆芯截面积为 0.000445m², 单根电缆缆芯体积为 0.00267m³, 则由以上参数可计算出电缆缆芯电阻值为 2.325×10⁻⁴Ω。例如, 负荷电流为 300A, 则计算出的发热功率 $P=I^2R$=20.925W, 因此可求得电缆缆芯体热生成率为 20.925/0.00267=7837.08（W/m³）。

选取型号为 8.7/15kV YJV 1×400 的 XLPE 电缆, 其结构图如图 1-1 所示, 结构参数见表 4-2。

表 4-2　电缆结构参数表

结构参数	参数值/mm
导体半径	11.9
绝缘层厚度	5.9
金属屏蔽层厚度	0.3
外护层厚度	2.3
电缆直径	40.8

假设模型纵向尺寸为 6m, 靠近热源区导热系数为 2.0W/(m·K), 远离热源区导热系数为 1.0W/(m·K)。根据《热力管道施工规范》, 正常情况下热力管道表面温度不得超过 333K, 地表换热系数为 12.5W/(m²·K)。

下面建立三维温度场控制方程。该三维模型中含热源区和无热源区, 根据传热学原理, 图 4-1(b) 中热源区的导热控制微分方程为

$$\frac{\partial^2 T}{\partial x^2} + \frac{\partial^2 T}{\partial y^2} + \frac{\partial^2 T}{\partial z^2} + \frac{q_v}{\lambda} = 0 \tag{4-24}$$

式中, T 为 (x, y, z) 点处温度（K）; q_v 为单位体积发热率（W/m³）; λ 为导热系数（W/(m·K)）。

图 4-1(b) 中无热源区的导热控制微分方程为

$$\frac{\partial^2 T}{\partial x^2} + \frac{\partial^2 T}{\partial y^2} + \frac{\partial^2 T}{\partial z^2} = 0 \tag{4-25}$$

4.2.3　确定边界条件及划分网格

1) 确定边界条件

现有的研究表明电缆所发出的热量对 2m 以外的土壤没有影响, 即图 4-1(b)

中 d_1 取 2m。在考虑不同外热源距离时，始终保持外热源外表面与左侧边界距离为 2m。根据传热学温度场求解边界条件，得外热源干扰下沟槽电缆模型的三类边界。

第一类边界条件：

$$\begin{cases} \dfrac{\partial^2 T}{\partial x^2} + \dfrac{\partial^2 T}{\partial y^2} + \dfrac{\partial^2 T}{\partial z^2} = 0 \\ T(x,y,z)\big|_{\Gamma_1} = f(x,y,z)\big|_{\Gamma_1} \end{cases} \tag{4-26}$$

第二类边界条件：

$$\begin{cases} \dfrac{\partial^2 T}{\partial x^2} + \dfrac{\partial^2 T}{\partial y^2} + \dfrac{\partial^2 T}{\partial z^2} = 0 \\ \lambda \dfrac{\partial T}{\partial n}\bigg|_{\Gamma_2} + q_2 = 0 \end{cases} \tag{4-27}$$

第三类边界条件：

$$\begin{cases} \dfrac{\partial^2 T}{\partial x^2} + \dfrac{\partial^2 T}{\partial y^2} + \dfrac{\partial^2 T}{\partial z^2} = 0 \\ -\lambda \dfrac{\partial T}{\partial n}\bigg|_{\Gamma_3} = \alpha (T - T_{\mathrm{f}})\big|_{\Gamma_3} \end{cases} \tag{4-28}$$

式中，$T(x,y,z)\big|_{\Gamma_1}$ 为土壤深层温度（K）；q_2 为第二类边界条件的温度梯度，数值为 0；T_{f} 为地面环境温度（K）；α 为对流换热系数（W/($\mathrm{m}^2 \cdot$ K)）。

上述三类温度边界在本章三维模型中设定如下：第一类边界条件为模型下边界土壤，温度数值为 293K；第二类边界条件为模型左右两侧土壤边界，温度梯度始终无变化，即仿真软件中默认设置为 0[1]；第三类边界条件为模型上表面电缆盖板附近空气温度，温度数值为298K，对流换热系数为12.5W/($\mathrm{m}^2 \cdot$ K)。

2）划分网格

采用不均匀网格对外热源作用下电力电缆三维模型进行划分，由内向外控制网格尺寸大小及等分数，依次控制电缆本体、空气域、混凝土（电缆沟壁）、土壤、外热源等，其中在横向截面上将空气域 10 等分、混凝土 5 等分、土壤 40 等分、底层土壤 60 等分、外热源边界 40 等分、纵向长度 100 等分，然后通过扫掠技术对模型进行整体网格划分，生成六面体网格。整体三维模型网格规整，利于计算结果快速收敛。三维模型及单根电缆网格划分如图 4-2 所示。

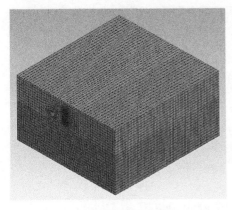 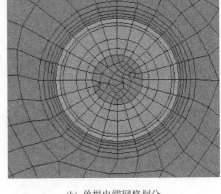

(a) 三维模型网格划分　　　　　　　　　　　(b) 单根电缆网格划分

图 4-2　三维模型及单根电缆网格划分

由图 4-2(b)可得，电缆及热源区域划分较密，其他部分划分较疏，保证了不增加单元数量且求解更为准确；三维模型总节点数为 558208，单元数为549311，满足求解精度。

4.2.4　求解外热源作用下电缆载流量

导体损耗、绝缘层介质损耗及屏蔽损耗等构成电缆区域的热源功率，通常根据 IEC 60287 标准计算电缆区域的热源功率。

为实现在满足精度的情况下计算快速、求解简单的目的，本节采用双点弦截法求解电缆载流量。利用双点弦截法求解之前，需已知任意加载两次电流所对应的电缆缆芯温度，通过 ANSYS 软件仿真求得电缆温度分布，其求解过程如图 4-3 所示。双点弦截法计算表达式为

$$I_{K+1} = I_K - \frac{T_K}{T_K - T_{K-1}}(I_K - I_{K-1}) \tag{4-29}$$

式中，I_K 为第 K 次通过的电流(A)；T_K 为电缆负载 I_K 对应的最高温度(K)。

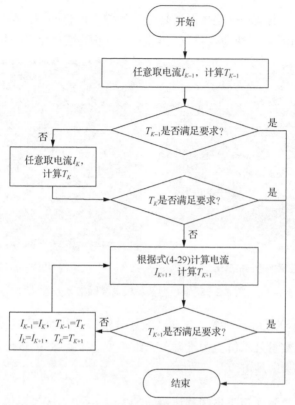

图 4-3 电缆载流量求解流程

4.3 外热源作用下电缆载流量仿真分析及模型验证

4.3.1 仿真结果分析

　　以热力管道为例，假设热力管道表面温度为333K，当三维模型中每根电缆分别通入300A和400A电流时，利用ANSYS软件仿真出的电缆缆芯温度分别为338K和353K，进而采用双点弦截法求得载流量为490A；通入的电流及计算出的损耗参数均以电缆导体单位体积生热率的形式输入所建的三维模型[2]。仿真得出外热源干扰下三维温度场的分布如图4-4所示。

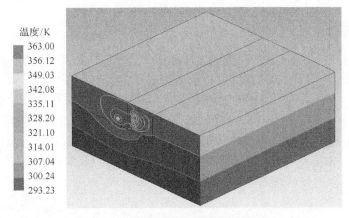

图 4-4　外热源干扰下三维温度场的分布

假设热力管道表面温度为 293K，其他条件不变时，解得无外热源干扰下三维温度场的分布，如图 4-5 所示。

由图 4-4 和图 4-5 可分析出以下结论：①最高温出现在电缆沟内中间电缆处，中间电缆同时受上下层电缆及外热源发热影响，导致中间电缆散热效果最差，对流换热最难；②以不存在热源情况为例，中间电缆缆芯温度均为347.2K，电缆表面温度为 332K，即电缆只沿径向变化，纵向无变化；③有热源时电缆缆芯为 363K，无热源时为 347.2K，两者相差 15.8K，即外热源对电缆缆芯温度具有显著影响。

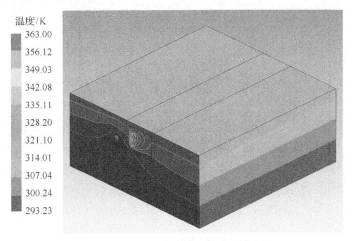

图 4-5　无外热源干扰下三维温度场的分布

4.3.2 模型验证

不存在热源时，考虑环境温度因素变化，式(4-23)的 IEC 60287 标准计算值与通过仿真求得的载流量的对比情况如图 4-7 所示。

由图 4-6 可得到，当环境温度变化时，IEC 60287 标准计算值与仿真值最大误差为 3.1%，小于 5%，且变化规律一致，证明了模型的有效性；虽然对于存在外热源的敷设方式，IEC 60287 标准计算法不能对其进行计算，从而无法验证，但本模型可通过改变参数仿真出与实际情况相符合的结果，如改变外热源参数、外部环境参数等。

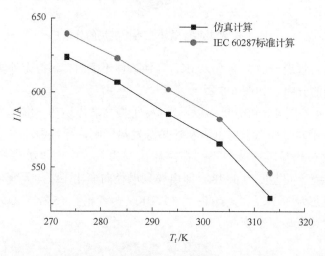

图 4-6　环境温度变化的影响对比分析

4.4　分析外热源对电缆导体温度的影响

对于沟槽敷设电缆，影响电缆温度的因素为土壤热阻系数、地表温度、电缆敷设方式、埋深土壤温度、外热源等。本节主要研究外热源功率、外热源离电缆沟距离的影响，以型号为 8.7/15 kV YJV 1×400 的单回路 XLPE 电缆为例，在其他敷设条件及外界环境条件不变的情况下，对电缆加载不同负荷电流，计算电缆导体温度随负荷电流的变化情况，并分析外热源对电缆导体温度的影响。

4.4.1　外热源功率对电缆导体温度的影响

外热源(热力管道等)是影响电缆温度场的一个重要因素。电缆沟附近存在热源，会造成电缆沟及外热源附近土壤热阻系数变大，导致电缆沟内热量难以散出；另外由于外热源温度较高，通过热传导形式也能使电缆沟内温度升高。不同外热源功率会使电缆沟内电缆导体温度出现相应的规律变化，因此有必要研究不同负荷电流下外热源功率与电缆沟内电缆导体温度的关系。外热源功率与电缆导体温度的关系如图 4-7 所示。

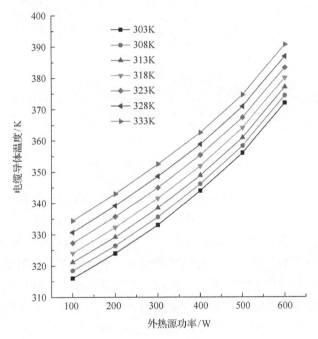

图 4-7　外热源功率（表面温度）与电缆导体温度的关系

由图 4-7 可得到，相同导体电流下，导体温度随外热源功率（表面温度）的升高而升高，且增加幅度相近；而在相同外热源功率（表面温度）下，导体温度随导体电流的增大而呈非线性上升趋势，且曲线的斜率逐渐增大。以导体负荷电流为 400A 为例，当外热源功率（表面温度）为 303K、308K、313K、318K、323K、328K、333K 时，对应电缆导体温度为 343.5K、346.2K、348.9K、351.9K、355.4K、358.8K、362.23K，导体温度增幅分别为 2.7K、2.7K、3.0K、3.5K、3.4K、3.43K，增幅相近。

4.4.2　外热源距离对电力电缆导体温度的影响

外热源与电缆沟之间的距离是影响电缆温度场的另一个重要因素。外热源越近则其对电缆沟内温度分布的作用越明显，电缆导体温度变化越剧烈，因此需要研究外热源距离与电缆导体温度的关系，如图 4-8 所示。

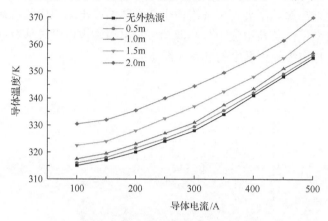

图 4-8　外热源距离与导体温度的关系

　　由图 4-8 可得到，负荷电流从 100A 增加至 500A 时，无外热源情况下电缆导体温度始终最低，因此可得出外热源对电缆温度有影响。通过图中曲线也可以看出，当通过电缆导体的电流一定时，敷设热源后电缆导体温度升高，并且温度升高的数值随着电缆与热源间距的减小而增大，当距离在 1.5m 以内，对电缆导体温度作用更明显。另外，在相同距离下，导体温度随导体电流的增大而呈非线性上升趋势，且曲线的斜率逐渐增大。有无外热源对导体温度具有显著影响，例如，当导体负荷电流值为 100A 时，没有敷设热源时电缆导体的温度为 315K，而敷设热源后，距离热源 0.5m 时电缆导体的温度330.5K，导体温度相差 15.5K。

4.5　分析外热源对电缆载流量的影响

　　电缆载流量与电缆温度密切相关，对于沟槽敷设电缆，影响电缆温度的因素为土壤热阻系数、地表温度、电缆敷设方式、埋深土壤温度、外热源等。本节主要分析外热源干扰对电缆温度分布及电缆载流量的影响，考虑外热源功率、外热源离电缆沟距离两个影响因素。

4.5.1　外热源功率对电缆载流量的影响

当电缆沟外部存在热源(热水管道、蒸汽管道等)时，会影响电缆沟内温度分布，从而导致电缆载流量降低。外热源功率(表面温度)与载流量的关系如图4-9所示。

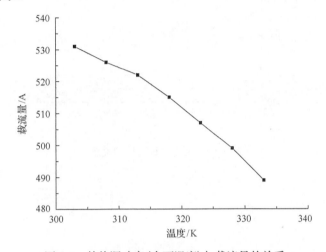

图 4-9　外热源功率(表面温度)与载流量的关系

由图 4-9 可得到，电缆载流量随外热源功率(表面温度)的升高而降低，当温度由 303K 升高至 313K 时，载流量由 531A 变为 522A，即表面温度每升高 1K，载流量降低 0.9A；当温度由 313K 升高至 333K 时，载流量由 522A 变为 490A，即表面温度每升高 1K，载流量下降 1.6A。

4.5.2　外热源距离对电缆载流量的影响

外热源离电缆沟距离越大，对电缆沟内温度场影响越小，电缆沟内散热效果越好，导致电缆载流量越大，否则越小。外热源距离 d 与电缆载流量 I 的关系如图4-10所示。

由图4-10可得到，电缆载流量随外热源离电缆沟的距离增大而变大，2.5m后影响不大。外热源距离由 0.5m 变化至 1m 时，载流量由 490A 变为 506A，即距离每增加 0.1m，载流量升高 3.2A；外热源距离由 2.5m 变化至 3.5m 时，载流量由 528A 变为 529.5A，即距离每增加 0.1m，载流量升高 0.15A。

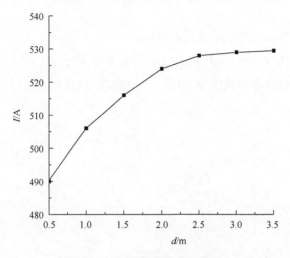

图 4-10　距离与载流量的关系

第5章 外热源作用下电缆实时载流量仿真研究

5.1 建立外热源作用下电缆暂态温度场模型及计算

5.1.1 建立电缆暂态温度场模型

当电缆敷设于电缆沟内时，含有以下传热方式：电缆本体、外热源与土壤间、土壤与沟壁的热传导；电缆沟内的自然对流；电缆与电缆沟内壁的辐射。并且电缆沟内空气对流或热传导过程必须符合质量、能量、动量守恒方程。外热源作用下电缆暂态温度场模型三维仿真模型的尺寸、参数与第 3 章三维模型一致。

1) 热传导暂态控制方程

含有热源区的电缆热传导暂态控制方程为

$$\lambda \left(\frac{\partial^2 T}{\partial x^2} + \frac{\partial^2 T}{\partial y^2} + \frac{\partial^2 T}{\partial z^2} \right) + q_v = \rho_0 c \frac{\partial T}{\partial t} \tag{5-1}$$

式中，T 为 (x,y,z) 点处温度 (K)；q_v 为单位体积发热率 (W/m³)；λ 为导热系数 (W/(m·K))；c 为比热容 (J/(kg·K))；ρ_0 为介质密度 (kg/m³)。

无热源区的电缆热传导暂态控制方程为

$$\lambda \left(\frac{\partial^2 T}{\partial x^2} + \frac{\partial^2 T}{\partial y^2} + \frac{\partial^2 T}{\partial z^2} \right) = \rho_0 c \frac{\partial T}{\partial t} \tag{5-2}$$

2) 热对流暂态控制方程

沟槽内空气形成自然对流，根据传热学原理和流体力学理论，建立暂态连续性方程：

$$\frac{\partial \rho}{\partial x} + \frac{\partial (\rho u)}{\partial x} + \frac{\partial (\rho v)}{\partial y} + \frac{\partial (\rho w)}{\partial z} = 0 \tag{5-3}$$

建立暂态能量微分方程：

$$\frac{\partial(\rho T)}{\partial t} + u\frac{\partial T}{\partial x} + v\frac{\partial T}{\partial y} + w\frac{\partial T}{\partial z} = \lambda\left(\frac{\partial^2 T}{\partial x^2} + \frac{\partial^2 T}{\partial y^2} + \frac{\partial^2 T}{\partial z^2}\right) \tag{5-4}$$

建立暂态动量微分方程：

$$\frac{\partial(\rho u)}{\partial t} + \rho\left(u\frac{\partial u}{\partial x} + v\frac{\partial u}{\partial y} + w\frac{\partial u}{\partial z}\right) = -\frac{\partial \rho}{\partial x} + \eta\left(\frac{\partial^2 u}{\partial x^2} + \frac{\partial^2 u}{\partial y^2} + \frac{\partial^2 u}{\partial z^2}\right) \\ + \rho g\alpha(T - T_r)\sin\varphi\cos\theta \tag{5-5}$$

$$\frac{\partial(\rho v)}{\partial t} + \rho\left(u\frac{\partial v}{\partial x} + v\frac{\partial v}{\partial y} + w\frac{\partial v}{\partial z}\right) = -\frac{\partial \rho}{\partial y} + \eta\left(\frac{\partial^2 v}{\partial x^2} + \frac{\partial^2 v}{\partial y^2} + \frac{\partial^2 v}{\partial z^2}\right) \\ + \rho g\alpha(T - T_r)\sin\varphi\sin\theta \tag{5-6}$$

$$\frac{\partial(\rho w)}{\partial t} + \rho\left(u\frac{\partial w}{\partial x} + v\frac{\partial w}{\partial y} + w\frac{\partial w}{\partial z}\right) = -\frac{\partial \rho}{\partial z} + \eta\left(\frac{\partial^2 w}{\partial x^2} + \frac{\partial^2 w}{\partial y^2} + \frac{\partial^2 w}{\partial z^2}\right) \\ + \rho g\alpha(T - T_r)\cos\varphi \tag{5-7}$$

式中，u、v、w 为流场速度在 x 轴、y 轴和 z 轴的分量(m/s)；φ、θ 分别为重力加速度与 z 轴、x 轴的夹角；T_r 为流体参考温度(K)；ρ 为流体密度(kg/m³)；η 为动力黏度(Pa·s)；α 为体积膨胀系数(K^{-1})；λ 为流体的导热系数(W/(m·K))。

5.1.2　利用 Crank-Nicolson 差分格式求解暂态温度

计算电缆暂态温度场时，暂态温度模型的网格划分及温度的三类边界条件与第 3 章稳态温度场仿真时一致。在计算外热源作用下的电缆暂态温度时，需要知道计算边界条件及初始条件，即需要已知初边值问题。暂态温度场初始条件可分为：①在加载负荷电流之前，电缆电流值为 0，即本章采用的初始条件；②在已有的负荷电流情况下，突加负荷电流。

求解初边值问题：在空间域和时间域内分别用有限单元网格和有限差分网格划分，本质上是有限元法和有限差分法联合求解。运用 Crank-Nicolson 差分格式求解暂态温度场：

$$\left(\frac{\partial T}{\partial t}\right)_t + \left(\frac{\partial T}{\partial t}\right)_{t-\Delta t} = \frac{2}{\Delta t}(T_t - T_{t-\Delta t}) \tag{5-8}$$

计算不同时刻暂态温度场的方法为首先通过电缆沟敷设电缆稳态温度

场计算方法得出在 t、$t-\Delta t$ 时刻的数值，再代入式(5-8)。

5.2　分析外热源作用下电缆实时载流量计算结果及模型验证

1) 分析电缆实时载流量计算结果

以型号 8.7/15kV YJV 1×400 的单回路 XLPE 电缆为例，外热源离电缆沟的距离为 1m，外热源表面温度为 313K，加载的负荷电流为 400A，转化为电缆体热生成率形式输入仿真软件中，其他参数条件与第 3 章一致。

在进行电缆瞬态温度场分析时，需要注意：①打开能量方程、$K\text{-}\varepsilon$ 湍流方程；②由于电缆沟内会出现自然对流形式，设置电缆沟内空气为不可压缩的理想气体；③在进行电缆瞬态计算前，为了计算更准确，在电缆加载负荷之前，对整体模型先进行稳态计算，而不是先初始化。本章加载的负荷电流为 400A，计算收敛之后，得到不同时刻电缆温度场分布云图，如图 5-1 所示。

由图 5-1 可得到整个三维温度场分布。从图 5-1(a)～图 5-1(c)可得出，在加载负荷电流 1～5h，外热源的温度显著影响电缆沟内温度场，同时影响电缆沟内散热，因此有必要分析不利散热区对电缆的影响。从图 5-1(e)、图 5-1(f)可得加载负荷电流 7～11h，电缆温度由 347.40K 变化至 347.58K，变化很小，可以近似看成已经达到稳态。

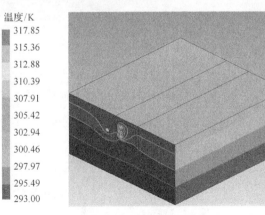

温度/K
- 317.85
- 315.36
- 312.88
- 310.39
- 307.91
- 305.42
- 302.94
- 300.46
- 297.97
- 295.49
- 293.00

(a)　加载时间为1h

温度/K

330.49
326.74
322.99
319.24
315.49
311.75
308.00
304.25
300.50
296.75
293.00

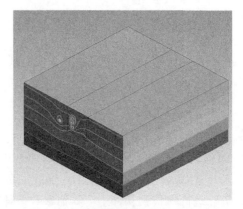

(b) 加载时间为3h

温度/K

340.68
335.91
331.14
326.37
321.61
316.84
312.07
307.30
302.54
297.77
293.00

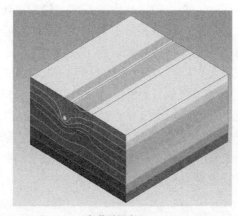

(c) 加载时间为5h

温度/K

345.41
340.17
334.93
329.69
324.45
319.20
313.96
308.72
303.48
298.24
293.00

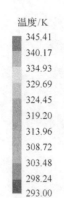
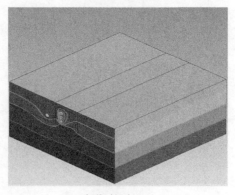

(d) 加载时间为7h

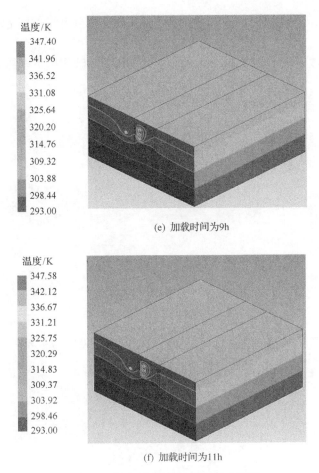

(e) 加载时间为9h

(f) 加载时间为11h

图 5-1　不同时刻电缆温度场分布云图

根据仿真结果得出不同时刻电缆缆芯温度值，见表 5-1。

表 5-1　不同时刻电缆缆芯温度

时间/h	1	3	5	7	9	11
温度/K	317.85	330.49	340.68	345.41	347.40	347.58

由表 5-1 可知，加载的负荷电流在 1～5h、5～7h、7～9h、9～11h 时，电缆缆芯温度分别提高 22.83K、4.73K、1.99K、0.18K，表明初始加载负荷电流时，电缆升温较快，之后趋于缓慢，直至达到稳态，且可得电缆稳态时间在 11h 左右。当电缆趋近稳态时，电缆缆芯温度在 347K 以上，但小于电缆温

度限值 363K，即温度差值大约为 16K，因此在该负荷电流条件下还可以提高负荷电流。

　　计算收敛后，在 **CFD-Post** 后处理中，得到外热源作用下电缆沟内空气域速度矢量图，如图 5-2 所示。

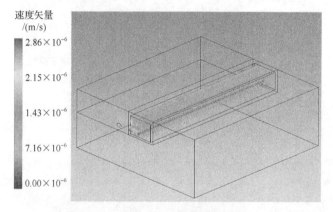

图 5-2　电缆沟内空气域速度矢量图

　　为便于更清晰地分析电缆沟内空气域速度场，设置减少系数为 80，得到减小后的速度矢量图，如图 5-3 所示。

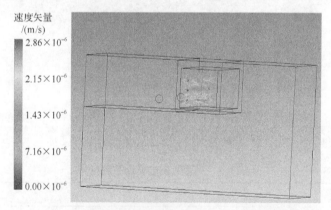

图 5-3　电缆沟内空气域速度矢量图(减少系数为 80)

　　由图 5-3 可得出以下结论：①电缆周围存在环流，因为电缆沟内空气向外扩散；②电缆周围速度矢量箭头更为密集，因为电缆加载负荷电流产生热量，温度集中于电缆附近；③最底部的电缆周围环流更剧烈，因为最底部电缆受其他电缆影响，散热更难，导致电缆周围温度更高。

2) 验证电缆实时载流量仿真模型

已知负荷和电缆所处环境得出的实时电缆导体温度为电缆实时(动态)载流量,即电缆实时(动态)载流量计算实质上是计算负荷电流下的实时电缆导体温度[3]。

以外热源功率(表面温度)313K 和外热源距离 0.5m 为例,通入电缆的负荷电流为 400A,其他条件与稳态仿真一致,得出的仿真和理论计算结果如图 5-4 所示。

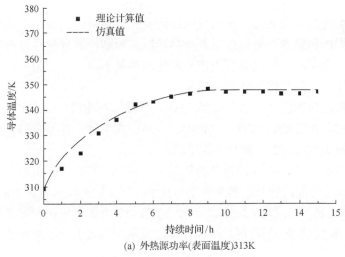

(a) 外热源功率(表面温度)313K

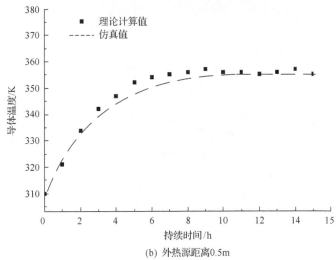

(b) 外热源距离0.5m

图 5-4　不同因素下仿真及理论计算曲线图

由图 5-4(a)可得到，仿真及理论计算值的最大差值为 2.7K，在 2h 左右出现；由图 5-4(b)可得到最大差值为 2.6K，在 5h 左右出现；因此，误差均在合理范围内，可得外热源作用下电缆实时载流量(导体温度)理论与仿真均具有正确性。另外，由图 5-4 可得到，理论和仿真变化趋势相似，随着持续时间的增加，其结果误差变小，且达到稳定时所需的时间均为 9.4h 左右。

5.3 外热源功率作用下电缆实时导体温度的研究分析

电缆沟附近存在热源，会造成电缆沟及外热源附近土壤热阻系数变大，导致电缆沟内热量难以散出；另外外热源温度较高，通过热传导形式也能使电缆沟内温度升高。不同负荷电流所产生的热量不同，电流越大，产生的热量越多，导致电缆导体温度升高越多。

在外热源功率由 303K 上升至 333K，外热源离电缆沟 0.5m 时，加载不同负荷电流，如 200A、400A、600A、800A，在其他条件不变的情况下，仿真出的电缆实时导体温度如图 5-5 所示。

由图 5-5 可得到，在四种负荷情况下，其电缆实时导体温度变化趋势一致，随着持续时间的变长，斜率变小，直至稳定。对于同一负荷电流条件下，外热源功率(表面温度)由 303K 上升至 323K 时，电缆导体稳态温度增加较均匀，由 323K 变化至 333K 时，电缆导体温度增幅比较大，因为外热源功率越

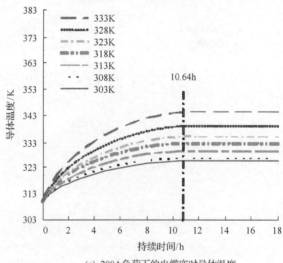

(a) 200A负荷下的电缆实时导体温度

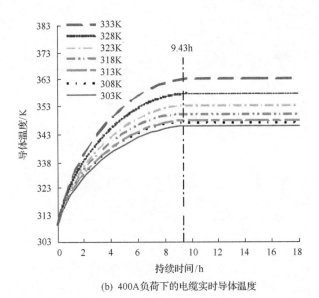

(b) 400A 负荷下的电缆实时导体温度

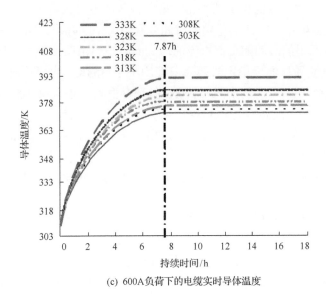

(c) 600A 负荷下的电缆实时导体温度

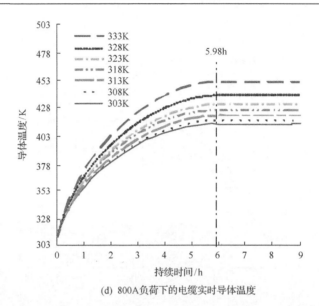

(d) 800A负荷下的电缆实时导体温度

图 5-5　不同外热源功率(表面温度)情况下的电缆实时导体温度

高,对电缆导体温度的作用越明显。另外,从图中可以看出,当负荷电流由
200A 上升至 800A 时,达到稳定的时间分别约为 10.64h、9.43h、7.87h、5.98h,
即达到稳定所用的时间随负荷电流的增大而减小。由图 5-5(a)、图 5-5(b)可
得到,当电缆导体温度稳定时最高温度均小于 363K,说明此时加载的电流
属于安全负荷,且对于负荷电流为 200A 时,还有很大裕度;由图 5-5(c)、图 5-5(d)
可得到,稳定时最高温均大于 363K,说明此时为超负荷运行,属于不安全运行
状态,因此确定实时导体温度及持续时间至关重要,尤其在负荷高峰期。

　　由图 5-5 可得到不同负荷电流下对应电缆实时变化的温度值,反则可以
计算当电缆变化至稳定温度为 363K 时所加载的负荷电流,即该情况的实时
载流量。

　　不同外热源功率(表面温度)作用下,加载不同负荷电流,得到电缆导体
达到稳定所需时间及导体稳定温度,见表 5-2。

　　由表 5-2 可知,外热源功率(表面温度)从 308K 上升至 333K 时,导体温
度达到稳态所需时间最大差值出现在负荷电流为 800A 时,持续时间差值为
0.38h;当负荷电流由 200A 上升至 800A 时,持续时间最大差值出现在外热源
功率为 308K 时,持续时间差值为 4.68h,说明持续时间取决于负荷电流大
小。另外,由表 5-2 可得,外热源功率(表面温度)由 308K 上升至 333K 时,
虽然不能在很大程度上影响达到稳态所需的时间,但是导体温度最大差值为

33.3K，即显著影响了电缆载流量。

表 5-2　不同外热源功率(表面温度)作用下的缆芯暂态温度

I/A	308K		313K		318K		323K		328K		333K	
	t/h	T_C/K	t/h	T_C/K	t/h	T_C/K	t/h	T_C/K	t/h	T_C/K	t/h	T_C/K
200	10.6	326.4	10.63	329.2	10.64	332.3	10.66	335.7	10.68	339.2	10.7	343
400	9.35	346.4	9.4	348.9	9.43	351.9	9.45	355.4	9.5	358.8	9.53	362.6
600	7.82	374.4	7.84	377.1	7.87	380.1	7.9	383.3	7.93	386.9	7.98	390.7
800	5.92	415.4	5.94	420	5.98	425.1	6.07	431.3	6.18	438.9	6.3	448.7

5.4　外热源距离作用下电缆实时导体温度的研究分析

当电缆敷设区域周围存在外热源，且外热源功率相同时，外热源距离电缆沟越远则对电缆沟内温度分布影响越小。在外热源距离由 0.5m 至无外热源(无穷远)变化，外热源功率(表面温度)为 333K 时，加载不同负荷电流，如 200A、300A、400A、500A，在其他条件不变的情况下，仿真出的电缆实时导体温度如图 5-6 所示。

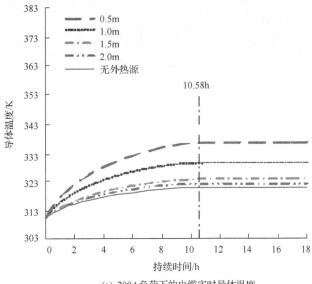

(a) 200A负荷下的电缆实时导体温度

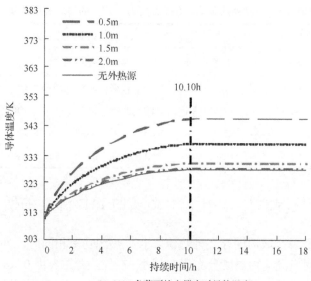

(b) 300A负荷下的电缆实时导体温度

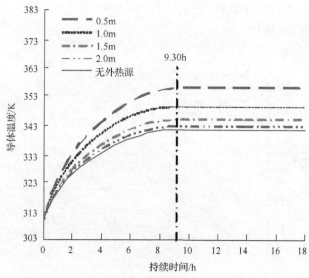

(c) 400A负荷下的电缆实时导体温度

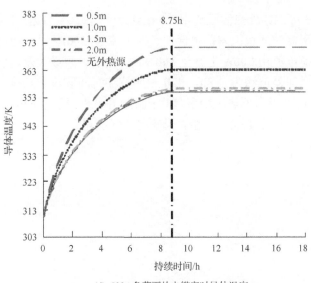

(d) 500A 负荷下的电缆实时导体温度

图 5-6　不同外热源距离情况下的电缆实时导体温度

由图 5-6 可知，在四种负荷情况下，电缆实时导体温度变化趋势一致，随着持续时间的变长，斜率变小，直至稳定。在同一负荷电流条件下，外热源由距离 2.0m 至无外热源(无穷远)时，电缆导体稳态温度增加幅度较小，由 0.5 变化至 2.0m 时，电缆导体温度增幅比较大。另外，从图中可以看出，当负荷电流由 200A 变化至 500A 时，达到稳定的时间分别约为 10.58h、10.10h、9.3h、8.75h，即达到稳定所用的时间随负荷电流的增大而减小。由图 5-5(a)和图 5-6(a)可知，持续时间相差 0.08h；由图 5-5(b)和图 5-6(c)可知，持续时间相差 0.13h，可得出在不同的外热源功率还是外热源距离情况下，持续时间都取决于负荷电流大小。

加载不同负荷电流，得到不同外热源距离作用下的缆芯暂态温度，见表 5-3。

表 5-3　不同外热源距离作用下的缆芯暂态温度

I/A	0.5m		1.0m		1.5m		2.0m		无外热源	
	t/h	T_C/K	t/h	T_C/K	t/h	T_C/K	t/h	T_C/K	t/h	T_C/K
200	10.65	335.5	10.62	328	10.58	323	10.55	321.5	10.5	320
300	10.27	344.5	10.18	337	10.12	331	10.02	329.5	10.0	328
400	9.44	355	9.38	348	9.3	343.5	9.29	342	9.28	341
500	8.86	372	8.8	363.5	8.75	357	8.72	356	8.7	355

　　由表 5-3 可知，外热源距离由 0.5m 至无外热源(无穷远)变化中，导体温度达到稳态所需时间最大差值出现在负荷电流为 300A 时，持续时间差值为 0.27h；当负荷电流由 200A 上升至 500A 时，持续时间最大差值出现在无外热源时，持续时间差值约为 1.8h，再次说明持续时间取决于负荷电流大小。另外，由表 5-3 可以得出外热源功率(表面温度)在 0.5m 至无外热源(无穷远)时，导体温度最大差值为 17K，即显著影响电缆载流量。

第 6 章 外热源作用下电缆沟敷设电缆通风增容研究

6.1 建立通风电缆沟耦合场仿真模型

6.1.1 基本假定

(1) 为更贴近于实际效果，设置进风流速垂直于三维模型的进风入口面。

(2) 由于冷却空气的重力和浮力对计算结果影响小，可忽略不计。

(3) 不考虑电缆沟内温度及流速分布随时间的变化，即研究状态稳定。

(4) 电缆材料及各部分物性参数与第 3 章电缆载流量稳态模型中一致。

6.1.2 建立通风电缆沟耦合场仿真模型

本节根据外热源尺寸、边界条件确定的尺寸、电缆沟尺寸、电缆结构参数等，建立外热源干扰下电缆三维模型。其电缆沟三维图如图 6-1 所示。

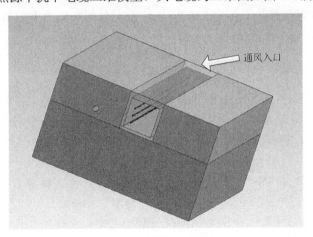

图 6-1　电缆沟三维图

电缆沟截面如图 4-1(b)所示，由图 4-1(b)可得到，d_1 为外热源或电缆沟外壁至模型外边线的距离，d_2 为外热源至电缆沟左外壁的距离。外热源埋深为 0.7m，距下边界 2.3m；相邻电缆缆芯之间距离为 0.25m；电缆沟壁宽与高均为 1.2m；由于外热源的存在，有必要把电缆沟槽外壁土壤分为两个区域，分别为靠近外热源的土壤区域一和远离外热源的土壤区域二，即土壤分界线上下两部分。

电缆沟纵向分为进风速度入口与出风速度入口，图 6-1 中箭头所指即通风入口。纵向尺寸为本章中所涉及的通风距离，即进风速度入口与出风速度入口之间的距离。设置进风流速垂直于三维模型的进风入口面。

6.1.3 确定边界条件及划分网格

1. 确定边界条件

1) 三维温度场的边界条件

根据传热学温度场求解边界条件，得外热源干扰下沟槽电缆模型的三类边界，见式(4-26)～式(4-28)。

2) 三维流体场的边界条件

(1) 设置进风入口 inlet 风速分别为 0.5m/s、1.0m/s、1.5m/s、2.0m/s、2.5m/s。

(2) 设置进风温度 T=298K。

(3) 设置出风速度出口为压力出口，数值为一个标准大气压。

(4) 设置电缆沟中电缆表面及电缆沟内壁都为无滑移边界条件。

(5) 表面对流换热系数为 12.5W/($m^2 \cdot K$)，外部空气温度为 308K，深层土壤温度为 298K。

2. 划分网格

采用不均匀网格对三维模型进行划分，网格尺寸由内向外控制，依次控制电缆、空气域、混凝土(电缆沟壁)、土壤、外热源，其中将电力电缆内部边线 36 等分，在横向截面上将空气域 10 等分，混凝土(电缆沟壁)5 等分，土壤 40 等分，底层土壤 60 等分，外热源边界 40 等分，纵向长度 90 等分，依此划分，网格规整，利于计算结果快速收敛。外热源作用下电缆沟通风系统三维模型、空气域及单回电缆网格划分如图 6-2 所示。

由图 6-2(a)可知，电缆及热源区域划分较密，其他部分划分较疏，保证了不增加单元且求解更为准确。三维模型总节点数为 451400，单元数为438625，满足计算精度。

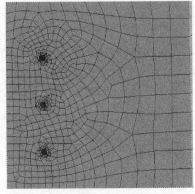

(a) 三维模型网格划分　　　　　　　(b) 空气域及单回电缆网格划分

图 6-2　三维模型、空气域及单回电缆网格划分

6.2　外热源作用下电缆沟耦合特性计算及校验

6.2.1　外热源作用下电缆沟耦合特性计算

本节采用型号为 8.7/15 kV YJV 1×400 的单回路 XLPE 电力电缆，其结构、敷设参数见表 4-1、表 4-2。通过建立负荷电流和导体发热之间的关系，引入体热生成率的概念，需要在 Fluent 中的热源区域设置体热生成率数值。建立的三维仿真模型的纵向尺寸为 6m，因此取电缆长度为 6m，电缆缆芯为铜，其电阻率为 $1.7241×10^{-8}Ω·m$，单根电缆缆芯截面积为 $0.000445m^2$，单根电缆缆芯体积为 $0.00267m^3$，则由以上参数可计算出电缆缆芯电阻值为 $2.325×10^{-4}Ω$。例如，负荷电流为 350A，则计算出的发热功率 $P=I^2R$=28.481W，因此可求得电缆缆芯体热生成率为 $28.481/0.00267=10667.04W/m^3$。在 Fluent 软件中同时输入电缆导体及绝缘等损耗，并且计算电缆载流量的方法与第 3 章稳态载流量一致。

6.2.2　外热源作用下电缆沟耦合特性校验

为分析外热源作用下的电缆沟耦合场，即热场和流场，并进一步校验其合理性，本节以外热源作用下电缆沟内通风为例，选取型号为 8.7/15kV YJV 1×400 的单回路 XLPE 电缆，电缆沟整体长 6m，设置进风入口 inlet 风速为 2m/s，进风温度为 313K，表面对流换热系数为 12.5W/$(m^2·K)$，外部空气温度为 313K，深层土壤温度为 298K，其他敷设及尺寸参数与外热源作用下电缆稳态载流量仿真模型参数一致。

在 Fluent 软件中仿真, 以负载电流为 350A 为例, 导线的单位体积发热量为 10667.04W/m³, 设置外热源温度为 313K, 进风入口 inlet 风速为 2m/s, 进风温度为 313K, 出风口为压力出口, 在计算前, 先对进风入口 inlet 初始化, 然后设置迭代步为 300 步, 如果不收敛则依次增加 50 步, 直至计算收敛。计算模型收敛的速度与网格划分精细程度、规整程度相关, 由于本模型划分网格规整, 计算 268 步时精度小于 1/1000, 模型收敛。根据仿真结果, 可得外热源作用下电缆沟内速度场分布矢量图, 如图 6-3 所示。

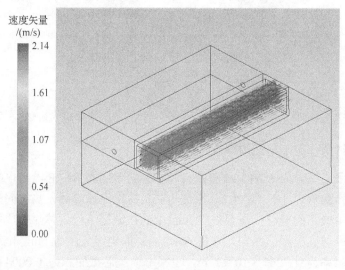

图 6-3 外热源作用下电缆沟内速度场矢量分布图

由图 6-3 可明显看出速度箭头较为集中, 初步能看出进出口速度大小有区别, 但难以分辨电缆表面及沟内速度分布, 因此设置速度减少系数为 50, 如图 6-4 所示。

分析图 6-4 可以得到以下结论: ①从进风口速度 2m/s 增加到出风口速度 2.14m/s, 表明越靠近风口速度越快, 并且流体速度主要集中于电缆与沟壁之间; ②流体速度随着离电缆表面和电缆沟内壁距离的增加而增加, 且在电缆沟内壁与电缆表面之间流速达到最大[4]; ③从速度矢量分布图可得在电缆表面和电缆沟内壁上流体速度为 0m/s, 这与模型中流体边界条件一致, 即电缆表面及电缆沟内壁无滑移边界, 这是因为不管是通入电缆沟的冷空气还是

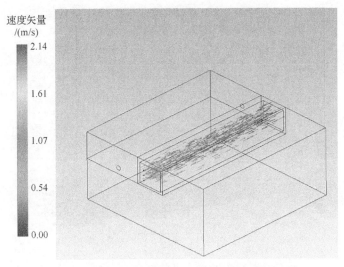

图 6-4　外热源作用下电缆沟内速度场分布(减少系数为 50)

在电缆沟内空气都具有黏性力，在远离电缆沟内壁或电缆表面时，黏性力小，在电缆沟内壁或电缆表面黏性力最大，造成流体停止不动。

根据仿真结果，得到外热源作用下电缆沟内温度场分布云图及进出风口电缆温度场分布云图，如图 6-5、图 6-6 所示。

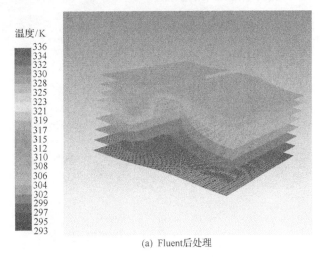

(a) Fluent后处理

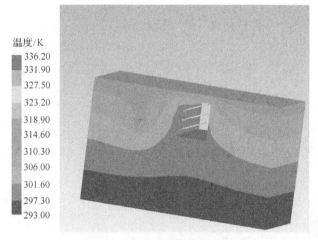

(b) CFD-Post后处理

图 6-5　电缆沟内温度场分布云图

从图 6-5(a) Fluent 后处理温度场分布云图中可清晰地看出不同平面的温度场分布，但对于分析整体模型不够直观；因此采用 CFD-Post 后处理，得到图 6-5(b) 的外热源作用下的温度场分布云图。由图 6-5 可得出，电缆最高温度为 336.2K，远小于电缆设计的能长期工作的温度 363K。因此未达到长期允许载流量，即可以在其基础上增加负载。

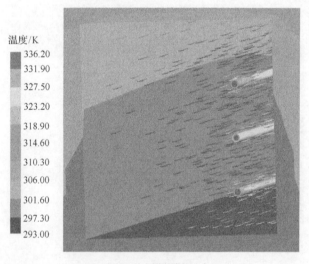

(a) 出风口处电缆温度场分布云图

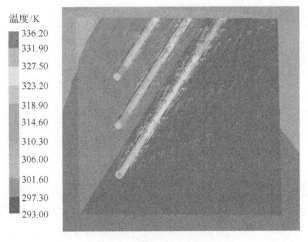

(b) 进风口处电缆温度场分布云图

图 6-6　进出风口处电缆温度场分布云图

由图 6-6 流体矢量箭头可以清晰地分辨进风口及出风口。分析图中温度场分布云图可得到以下结论：①出风口电缆温度显著高于进风口电缆温度，因为流体从进风口流至出风口的过程中，积累了更多电缆产生的热量，导致出风口温度过高，并且导致对流换热能力下降，影响电缆散热；②出风口流体速度箭头颜色明显比进风口速度颜色深，说明出风口流体速度更大，表明温度场和流场具有一定的耦合关系。

综上所述，对比分析外热源作用下电缆沟内温度场分布与流场分布，可以得出温度场与流场具有一定的耦合关系，进而验证了本章模型的耦合特性。

6.3　不同通风工况下电缆运行特性及增容建议

电缆沟外部存在热源(热水管道、蒸汽管道等)时，外热源会影响电缆沟内部温度场分布，最终影响电缆沟内电缆的绝缘性能及载流量。为了降低沟槽内温度，从而实现电缆增容的目的，本节采取临时通风措施。在外热源三维模型基础上，初始通风速度为 1m/s，通风温度为 298K，电缆沟通风距离为 6m，本节分析通风速度、通风温度、电缆沟通风距离对电缆温度及载流量的影响。

6.3.1 分析不同通风工况下电缆温度计算结果

1) 分析不同通风速度下电缆温度计算结果

采取不同通风速度是改变电缆沟内温度的有效措施。通风速度不同，则电缆沟内流场会发生改变；通风速度越大，电缆沟内流场发生的变化越显著，对流换热能力随之提高，电缆内温度降低。不同通风速度与电缆导体温度的关系如图 6-7 所示。

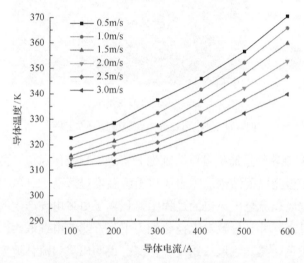

图 6-7　不同通风速度与电缆导体温度的关系

由图 6-7 可得出，在相同通风速度下，导体温度随导体电流的增大而呈非线性上升趋势，且曲线的斜率逐渐增大。另外，在相同导体电流情况下，当电缆通风速度增加时，电缆温度随之降低，且温度下降的幅度随着电缆导体电流的增加而增加；以负荷电流为 100A 和 600A 为例，负荷电流在 100A 时导体温度最大差值为 12.2K，负荷电流在 600A 时导体温度最大差值为 32.3K。

2) 分析不同通风温度下电缆温度计算结果

采取不同通风温度是改变电缆沟内温度的有效措施。通风温度越低，电缆沟内对流换热能力越高，电缆沟内散热能力随之越高，则电缆沟内温度降低。不同通风温度与电缆导体温度的关系如图 6-8 所示。

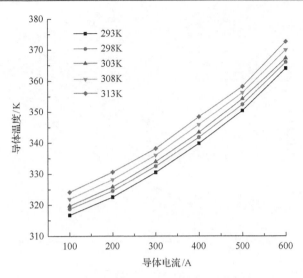

图 6-8　不同通风温度与电缆导体温度的关系

由图 6-8 可得出，相同负荷电流下，导体温度随通风温度的升高而升高，且增加幅度相近；而在相同通风温度情况下，导体温度随导体电流的增大而呈非线性上升趋势，且曲线的斜率逐渐增大。以负荷电流为 400A 为例，当通风温度为 293K、298K、303K、308K、313K 时，对应电缆导体温度为 339.8K、341.8K、343.4K、345.9K、348.4K，导体温度增幅分别为 2K、1.6K、2.5K、2.5K，增幅相近。

3）分析不同通风距离下电缆温度计算结果

采取不同通风距离是改变电缆沟内温度的另一个有效措施。当电缆沟通风距离越小，即在沿电缆沟纵向通风距离分段越短时，冷却空气所获得的能量越低，越难以影响电缆与空气的对流换热能力，使得电缆沟出风口的温度相对较低，即电缆沟内温度相对较低。不同通风距离与电缆导体温度的关系如图 6-9 所示。

由图 6-9 可得出，在相同通风距离情况下，导体温度随导体电流的增大而呈非线性上升趋势，且曲线的斜率逐渐增大。在相同负荷电流情况下，当通风距离增加时，电缆导体温度随通风距离的增加而升高，且在 3m 之后增加幅度趋于稳定[5]。以负荷电流为 100A 为例，当通风距离从 1m 变化至 7m 时，所对应的电缆导体温度分别为 298K、308.2K、313.4K、315.9K、317.9K、318.7K、319.6K，导体温度增幅分别为 10.2K、5.2K、2.5K、2K、0.8K、0.9K，增幅趋于稳定。

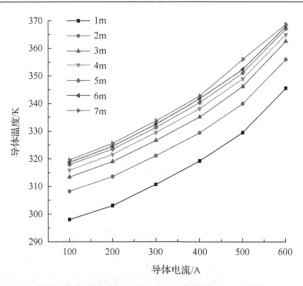

图 6-9　不同通风距离与电缆导体温度的关系

6.3.2　分析不同通风工况下电缆载流量计算结果

1) 分析不同通风速度下电缆载流量计算结果

通风速度对电缆沟内流体分布、散热快慢等有影响，即改变了电缆沟内空气流速，影响沟槽内空气热阻及电缆表面的换热。通风速度越大，电缆沟内热量越容易被带走，向外散热越快，电缆表面换热越快，电缆沟内电缆温度越低，则电缆载流量变大，否则变小。通风速度与载流量的关系如图 6-10 所示。

由图 6-10 可得出，电缆载流量随通风速度变大而变大，但增长梯度变小。当通风速度由 0 提高至 0.5m/s 时，载流量由 490A 变为 550A，即每提高 0.1m/s，载流量升高 12A；当通风速度由 0.5m/s 提高至 1.5m/s 时，载流量由 550A 变为 615A，即每提高 0.1m/s，载流量升高 6.5A；当通风速度由 2m/s 提高至 3m/s 时，载流量由 640A 变为 676A，即每提高 0.1m/s，载流量升高 3.6A。

2) 分析不同通风温度下电缆载流量计算结果

通风温度影响电缆沟内电缆与空气的换流能力及散热效果。通风温度越低，换流能力越好，散热效果也越好，则电缆沟内电缆载流量变大，否则变小。通风温度与载流量的关系如图 6-11 所示。

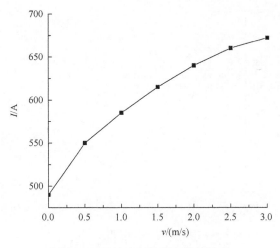

图 6-10　通风速度与载流量的关系

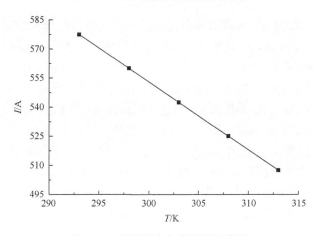

图 6-11　通风温度与载流量的关系

由图 6-11 可得出，电缆载流量随通风温度的升高而减小，且呈线性相关趋势。当通风温度由 293K 变化至 313K 时，载流量由 577A 变为 507A，即每升高 1K，载流量下降 3.5A。

3)分析不同通风距离下电缆载流量计算结果

电缆沟通风距离影响电缆沟内温度分布及散热效果。电缆沟通风距离越小，冷却空气所获得的能量越低，使得电缆沟出风口的温度相对较低，难以影响电缆与空气的对流换热能力，因此电缆载流量会相对较高。电缆沟通风距离与载流量的关系如图 6-12 所示。

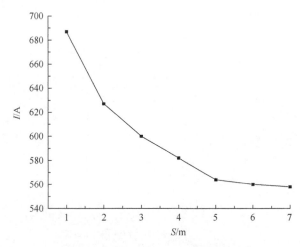

图 6-12　电缆沟通风距离与载流量的关系

由图 6-12 可得出，电缆载流量随电缆沟通风距离的增大而减小，并且斜率变小。在 1～2m 时，电缆载流量急剧变小，另外，通过曲线斜率可以看出，随着电缆沟通风距离的不断持续增大，其对电缆载流量的影响作用在减小，即数值变化越来越小：当电缆沟的长度由 1m 变化至 2m 时，电缆载流量由 687A 变化为 627A，即减小 60A；当通风距离由 2m 变化至 4m 时，电缆载流量由 627A 变化为 582A，即减小了 45A；当电缆沟的长度由 4m 变化至 5m 时，电缆载流量由 582A 变化为 564A，即减小了 18A；当电缆沟的长度由 5m 变化至 6m 时，电缆载流量由 564A 变化为 560A，即减小了 4A；当电缆沟的长度由 6m 变化至 7m 时，电缆载流量由 560A 变化为 558A，即减小了 2A。因此需要合理设置电缆沟通风段，以达到最佳通风目的。

6.3.3　外热源作用下电缆沟内通风增容建议

通过分析不同通风温度、通风速度、通风距离下电缆温度及载流量的仿真结果，并且根据通风温度、通风速度、通风距离与载流量的关系曲线，可发现通风温度、通风速度、通风距离会显著影响电缆载流量。因此，在确定的电缆沟槽敷设环境中，尤其当已建成的线路中存在不利散热区域且无法更改线路时，可以考虑采取通风措施，以实现电缆增容目的，减小外热源对电缆载流量的干扰。在实际工程中，可以根据电缆载流量与通风速度、通风温度、通风距离的曲线，分析出最优的通风温度、通风速度、通风距离，确定最佳的通风方案，具有工程实用性。

第 7 章　无限长自由电缆回波的
时域方程与时域仿真

7.1　简化海底电缆结构

海底电缆一般分层较多，但对每一层进行过于细微的研究是不可能也没有必要的。相同结构的目标对声波的散射特性取决于材料的声阻抗，因此利用材料声学特性进行简化，既能保持一定精度，又能大幅简化计算。以常用的 XLPE 电缆为例，导体为铜制，金属屏蔽和铠装为铁制。导体屏蔽是以聚乙烯为基料加炭黑组成的半导电料，绝缘材料是 XLPE，二者可视为一层聚合物[6]。绝缘屏蔽是贴靠电缆芯线绝缘层外面包裹的电阻率很低的薄层，用于连接上下层，改善电场分布。聚乙烯、聚丙烯和阻水层的声学性质几乎没有差别，可将聚乙烯护套和聚丙烯纤维层视为一层聚合物。掺杂其他元素的聚合物本身声学性质改变量极少，不考虑元素掺杂的影响，代入数据时统一使用标准声速和标准密度。

7.2　建立无限长自由电缆几何模型

无限长自由电缆是一个高度对称的标准圆柱体结构，在声呐的照射下，每一时刻每一角度，都会有面积不变的矩形面正对声呐，如果不考虑接收阵的偏角接收能力，则电缆在不同角度下反射的能量是不变的，因此此处忽略入射角度对电缆的影响。电缆横截面每一个面的每一层都有一个反向散射点，即镜反射点。在高度对称的标准圆柱体上，镜反射点永远是距离接收阵最近的点，同层的其他区域都会因为角度散射不会进入接收阵。因此，声呐探测过程中，强反射基本都是镜反射。镜反射点的声程和强度是研究的重点，反射到声呐上就是某一刻的声学图像，表现到时域方程上就是该时刻的声强。对该结果进行解析计算，可以获得不同时刻的声强变化图[7]。为了减少计算量、突出每层结构的影响，时域仿真使用海底电缆二维横截面模型进行计算仿真，使用四个同心圆作为电缆的简化模型，采用收发合置的方法进行探测，即发射源与接收源位于同一点上。

对电缆进行简化后，即可建立直角坐标系，将整个空间分为五个部分，图 7-1 为电缆横截面所在的平面。

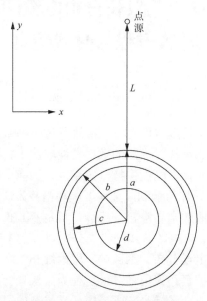

图 7-1 电缆几何结构示意图

如图 7-1 所示，从外到内分为同心区域 1～5，区域 1($r{\geqslant}a$) 为静态水，声速为 c_0，存在频率为 f 的平面声波；区域 2($a{>}r{>}b$) 为聚乙烯橡胶，密度为 ρ_1，波速为 c_1，波数为 k_1，波长为 λ_1；区域 3($b{\geqslant}r{>}c$) 为金属屏蔽，密度为 ρ_2，波速为 c_2，波数为 k_2，波长为 λ_2；区域 4($c{\geqslant}r{>}d$) 为聚乙烯橡胶，密度为 ρ_1，波速为 c_1；区域 5($r{\leqslant}d$) 为铜导体，密度为 ρ_3，波速为 c_3。

7.3 建立与计算无限长自由电缆回波的时域方程

电缆的数学模型包括每层结构的反射系数、正折射系数、逆折射系数和时延因子。电缆中的各类绝缘材料都是由聚乙烯橡胶制成的，聚乙烯属于固体，但就声学特性而言其和液体相似，只能激发起纵波，而不能传播切变波，因此可以直接将其视为双层液体层。计算时，先从单个层面内的折射反射来考虑，设波阻抗为 ρ_1c_1，聚乙烯(护套)中有平面波，入射到波阻抗为 ρ_2c_2 的铁介质(金属屏蔽)上，透射到下一层聚乙烯(绝缘屏蔽)当中。

设入射波 p_0、反射波 p_{rel}、正折射波 p_{frel}、逆折射波 p_{brel} 为

$$\begin{cases} p_0 = e^{ik_1y} \\ p_{rel} = Ae^{-ik_1y} \\ p_{frel} = Be^{ik_1y} \\ p_{brel} = Ce^{ik_1y} \end{cases} \tag{7-1}$$

式中，A 为反射系数；B 为正折射系数；C 为逆折射系数。

屏蔽层中的声场可以分为两类，一类是来自上表面的折射波，另一类是来自下表面的反射波。金属屏蔽中的声场设为 p_2：

$$p_2 = Ee^{-ik_2y} + De^{-ik_2y} \tag{7-2}$$

式中，D、E 为系数。

在 $r=b$ 的分界面上，分别满足声压相等和振动速度相等：

$$p_0 + p_{frel} = p_2 \tag{7-3}$$

$$\left[e^{ik_1y}ik_1 + Ae^{-ik_1y}(-ik_1) \right] = \frac{1}{\rho_2}\left[Ee^{-ik_2y}ik_2 + De^{-ik_2y}(-ik_2) \right] \tag{7-4}$$

在 $r=c$ 的分界面上，分别满足声压相等(式(7-5))和振动速度相等(式(7-6))：

$$p_2 = p_{rel} \tag{7-5}$$

$$\frac{1}{\rho_1}\left[Ce^{ik_2y}ik_2 + De^{-ik_2y}(-ik_2) \right] = \frac{1}{\rho_2}Be^{ik_1y}(ik_1) \tag{7-6}$$

联立式(7-1)～式(7-6)可得

$$A = \frac{i\left(\dfrac{\rho_1 c_1}{\rho_2 c_2} - \dfrac{\rho_2 c_2}{\rho_1 c_1} \right)\sin(k_2 h)}{2\cos(k_2 h) - i\left(\dfrac{\rho_1 c_1}{\rho_2 c_2} + \dfrac{\rho_2 c_2}{\rho_1 c_1} \right)\sin(k_2 h)} \tag{7-7}$$

$$B = \frac{2\mathrm{e}^{-ik_1h}}{2\cos(k_2h) - \mathrm{i}\left(\dfrac{\rho_1c_1}{\rho_2c_2} + \dfrac{\rho_2c_2}{\rho_1c_1}\right)\sin(k_2h)} \tag{7-8}$$

$$C = \frac{2\mathrm{e}^{-ik_2h}}{2\cos(k_1h) - \mathrm{i}\left(\dfrac{\rho_2c_2}{\rho_1c_1} + \dfrac{\rho_1c_1}{\rho_2c_2}\right)\sin(k_1h)} \tag{7-9}$$

$$p_{\mathrm{a}} = \sum_{i=0}^{n}\left[\left(\prod_{i=0}^{n} B_i\right) A_{i+1} \left(\prod_{i=0}^{n} C_i\right)\right]\mathrm{e}^{-ik_1y} \tag{7-10}$$

式中，h 为厚度；p_{a} 为总声强。

式(7-7)~式(7-10)即所建立的无限长自由电缆回波的时域方程。声学探测过程中，当频率不变时，接收点所接收的信号的声强也是确定的。整个结构的振动响应必然和没有内部结构的壳体的响应不同，而且内部结构的存在可以在整个结构的声学信号中显现出来，通过对声学信号的分析就可以区分海底电缆与其他圆柱壳体。

引入传播损耗可以计算出实际回波的波幅。频率固定时，沉积物的影响主要体现在表面反射和内部衰减上。当频率为 30kHz 时，金属内部声传播损耗为 0.03dB/cm，聚乙烯传播损耗为 2.59dB/cm。通过式(7-7)~式(7-10)的计算，可以确定无损耗条件下回波波形的幅度。为了确定回波随时间的变化关系，还应当计算每层结构的时延因子 τ。

取点源所在水平面为基准面，时延因子 τ_i 可以通过每层结构相对于参考面的声程决定：

$$\begin{cases} \tau_1 = \dfrac{2L}{c_0} \\[2mm] \tau_2 = \dfrac{2L}{c_0} + \dfrac{2(a-b)}{c_1} \\[2mm] \tau_3 = \dfrac{2L}{c_0} + \dfrac{2(a-b)}{c_1} + \dfrac{2(b-c)}{c_2} \\[2mm] \tau_4 = \dfrac{2L}{c_0} + \dfrac{2(a-b)}{c_1} + \dfrac{2(b-c)}{c_2} + \dfrac{2(c-d)}{c_3} \end{cases} \tag{7-11}$$

式中，τ_1 为外护层到接收点的总时间(s)；τ_2 为屏蔽层到接收点的总时间(s)；

τ_3 为绝缘层到接收点的总时间(s)；τ_4 为内芯导体到接收点的总时间(s)。

根据上述理论模型，各层结构实际数值见表 7-1，代入式(7-10)与式(7-11)，计算分析电缆的实际反射波形。a 取 22cm，b 取 20cm，c 取 17cm，d 取 10cm，L 取 26cm。

表 7-1　材料属性表

属性	水	聚乙烯	钢	铝	铜
密度/(kg/m³)	1025	920	7700	2700	8900
波速/(m/s)	1500	1900	5850	6260	4700

对式(7-10)取模计算可得，聚乙烯与水的交界面上，反射系数为 0.106，折射系数为 0.894；聚乙烯与铁的交界面上，反射系数为 0.979，折射系数为 0.021；聚乙烯与铜的交界面上，反射系数为 0.969，折射系数为 0.031；聚乙烯与铝的交界面上，反射系数为 0.914，折射系数为 0.086。

τ_1、τ_2、τ_3、τ_4 的值分别为 3.46×10^{-4}s、3.67×10^{-4}s、3.77×10^{-4}s、4.51×10^{-4}s。该值可以对产生回波的电缆结构进行定位，便于分离每种波形，与仿真进行对比，即可确定回波的关键结构。

从计算数据中可以得出，最外层聚乙烯反射能力弱，只能反射 10.6%的能量，能量可以折射进入，但聚乙烯衰减系数可以达到 3.09dB/cm，且与距离成正比。金属铠装的衰减系数小，但反射系数大，能够反射余下能量的 98%。这说明在声学探测中，真正起作用的是最外层聚乙烯和铠装层，内部结构影响很小。当金属铠装的反射波经过聚乙烯的二次衰减小于聚乙烯的一次反射强度时，电缆的声呐图像应当是由聚乙烯的外轮廓决定。当金属铠装的反射波经过聚乙烯的二次衰减大于聚乙烯的一次反射强度时，电缆的声呐图像应当由聚乙烯和铠装层共同决定，而且图像两侧将会有分层现象，这是之前电缆声学探测中不曾考虑的。

对于表 7-1 中的电缆参数，探测声强取 100dB，计算得金属铠装的反射强度(经过聚乙烯的二次衰减)为 62.5dB，计算得聚乙烯的反射强度为 10.6dB。可见，金属铠装的反射波经过聚乙烯的二次衰减大于聚乙烯的一次反射强度，图像会有分层现象，此时金属铠装起主要反射作用。镜反射波是海底电缆目标与非海底电缆目标的主要区别，能够突出内部结构(铠装层)的振动响应。该结论通过后续仿真与试验可以进一步验证。

不同材质的铠装层反射能力有所差异。在常用的材质当中，钢的反射能力最好，铝的反射能力略差。虽然铜芯一样具有强反射能力，但铜芯包覆于铠装之中，考虑到折射进出与传播损耗，透射出的能量不足 0.1%，影响极其有限。依照计算式同样可以证明，材料相似的两个界面，反射系数几乎为 0，因此前面利用声阻抗对电缆结构进行简化是合理的。

7.4　建立无限长自由电缆时域仿真模型及结果分析

7.4.1　基本假设

本节的目的是获得海底电缆在声呐照射下的散射及回波特性。为了简化计算，方便建模，先做如下基本假设。

(1)正常海水声道具有一定随机性，此处近似认为声呐和海底电缆均处于均匀介质中间。

(2)海底电缆的散射波长照射到其他部位，会引起二级散射，但海底电缆是同心结构，多级散射能量很弱，难以被收发器接收，因此可以忽略海底电缆的二级散射效应。

(3)声呐基阵发射声波时会有微小形变，对探测结果影响不大，近似认为声呐基阵是稳定不变的，基阵结构不影响波形传输。

(4)将海底电缆视为远场目标。

7.4.2　确定计算场域边界条件及网格划分

依照几何模型，a 取 22cm，b 取 20cm，c 取 17cm，d 取 10cm，L 取 26cm。代入各层结构实际数值，具体参照表 7-1 进行仿真，具体布置如图 7-2 所示。

由图 7-2 可知，发射源使用点声源，位于海底电缆正上方，使用高斯脉冲，大小为 $1m^2/s$，频率为 30kHz，自由海底电缆悬浮在海水中，仅释放一次脉冲便于观察，接收点同样设在点声源处，对其进行点计算可以获得该点的回波数据。

四面采用硬声场边界，声场沿法线方向全反射，声场表达式为

$$\left.\frac{\partial \Phi}{\partial n}\right|_S = 0 \qquad\qquad (7\text{-}12)$$

式中，Φ 为声场；n 为矢量方向；S 为反射面积。

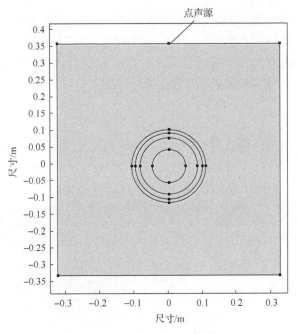

图 7-2　电缆与声源布置图

　　为了节约计算时间，采用自由四边形网络进行网格划分，同时选择自适应网格细化，在声场变化较大的狭窄区域将网格细化，做到网格点分布与物理解耦合，从而提高解的精度和分辨率，以此提高计算精度。边界层是重点观察对象，海底电缆周围及海底电缆网格划分示意图如图 7-3 所示。

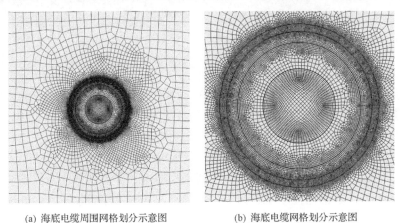

(a) 海底电缆周围网格划分示意图　　　　　　(b) 海底电缆网格划分示意图

图 7-3　海底电缆周围及海底电缆网格划分示意图

由图 7-3(a)可知,边界层附近网格相对密集,四周较为稀疏;由图 7-3(b)可知,海底电缆的聚乙烯层与铠装层划分细密,铜芯相对稀疏,符合网格划分的基本原则,即物理解的变动决定了网格的密度,变化较大时网格密集,反之,变化较小时网格稀疏,兼顾效率与精度。

7.4.3　仿真结果分析

为了充分获得电缆各层的反射回波,同时防止两侧硬边界反射对结果造成影响,设定接收截止时间为 $4.6 \times 10^{-4} \mathrm{s}$,从 $1.0 \times 10^{-4} \mathrm{s}$ 开始,每隔 $5 \times 10^{-5} \mathrm{s}$ 进行一次截图,所得结果如图 7-4 所示。

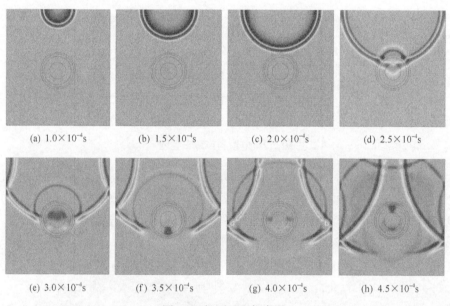

(a) $1.0 \times 10^{-4} \mathrm{s}$ 　　(b) $1.5 \times 10^{-4} \mathrm{s}$ 　　(c) $2.0 \times 10^{-4} \mathrm{s}$ 　　(d) $2.5 \times 10^{-4} \mathrm{s}$

(e) $3.0 \times 10^{-4} \mathrm{s}$ 　　(f) $3.5 \times 10^{-4} \mathrm{s}$ 　　(g) $4.0 \times 10^{-4} \mathrm{s}$ 　　(h) $4.5 \times 10^{-4} \mathrm{s}$

图 7-4　探测过程仿真图

由图 7-4 可得,接收点(发射源位置)在整个仿真过程中并没有接收到两侧硬边界反射波形,同时完整地获得了电缆各层的反射回波。传播过程中,在频率稳定的条件下,接收点所接收的信号会随时间的变化而变化,壳体及其内部结构之间入射波会发生反射、折射,反射波与折射波进入下一层还会发生折射,在这种叠加损耗过程中,每一刻接收的信号都会从不同声强不断发生损耗。由图 7-4(d)与图 7-4(e)可见,电缆缆芯实际可获得能量并向外辐射,但在层与层之间出现反复折射损耗,难以向外传播。

　　为了确定最外层聚乙烯对电缆时域声压的影响，将拥有铠装的电缆与铠装等径的铁柱(内部结构与电缆相同)做对比。为了确保结果的可靠性，额外对无电缆环境进行仿真，如图 7-5 所示。

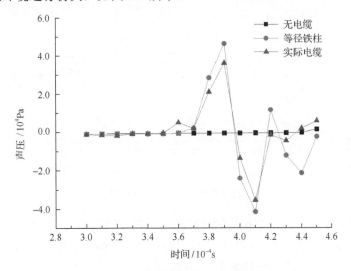

图 7-5　不同结构时域声压对比图

　　由图 7-5 可知，在整个 3.0×10^{-4}s 到 4.5×10^{-4}s 的传播过程中，每层结构都参与反射，接收点的声压在不断变化。无电缆时声强为 0Pa，波形信号平稳，没有干扰。聚乙烯层反射波出现在 3.5×10^{-4}s，铠装层反射波出现在 3.9×10^{-4}s 的位置，符合式(7-11)时延因子的定位。在 3.5×10^{-4}s 处，实际电缆聚乙烯层声压幅值为 5kPa，等径铁柱没有聚乙烯层，声压幅值为 0kPa；在 3.9×10^{-4}s 处，铠装层声压幅值为 35kPa，等径铁柱声压幅值为 45kPa。可见由于最外层聚乙烯的衰减作用，实际电缆声压幅值相对于等径铁柱幅值降低 22%，整体波形趋于平缓。聚乙烯层的反射波幅值约为等径铁柱的 11%、实际电缆的 14%。本例中聚乙烯的一次反射、两次折射、两次衰减未能掩盖铠装层的反射，拥有铠装的电缆与铠装等径的铁柱波形类似，铠装层在本次声学探测中占主导作用，根据反射时间的差距，将会出现分层现象，与计算结果相同。

　　为了对比不同材料的声学性能，将等径铜柱、等径铁柱、等径铝柱、等径聚乙烯柱同时进行仿真分析，如图 7-6 所示。

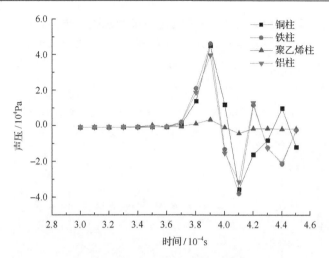

图 7-6　不同材料时域声压对比图

由图 7-6 可知，尺寸相同的结构波形峰值点所在位置也相同，$3.9×10^{-4}$s 是峰值所在点。在 $3.9×10^{-4}$s 处，铁柱峰值为 49kPa，铜柱峰值为 48kPa，铝柱峰值为 44kPa，聚乙烯柱峰值为 5kPa，即常用铠装材料中，铁制铠装与铜制铠装的反射能力最强，最后是铝制铠装，聚乙烯仅仅使波形出现小幅度起伏，反射能力很弱，这与理论预测相同。

当对水下电缆有声学探测需求时，设计时可以优先考虑采用铁制或铜制铠装，同时适当降低外护套的厚度，此时电缆声学亮点是铠装层的反射；对于护套较厚的光纤复合电缆，可以采用硬化橡胶合成材料，提高材料的密度或声速，此时电缆声学亮点是电缆最外层轮廓；可以悬挂铜制识别物，增加声学亮点，便于探测。

具体使用的材料也可以根据敷设地区的具体情况判断。如果环境条件较为单一，如砂质或淤泥沉积物，可以较为容易地凸显电缆本身图像，则可以不用考虑材料的声学影响。若环境条件复杂，如多类型沉积物、多种地质地形混合，则应当使铠装层为声学亮点，使海底电缆图像出现分层现象，易于观察，便于机器学习，探测时并不存储所有信号，而是根据时域方程判断真实图像，实现"先验"探测，了解电缆可能呈现的图像，进而检测声呐图像波形中的分层现象以实现电缆路径跟踪。

第8章 掩埋电缆回波的频域方程与频域仿真

8.1 建立掩埋电缆回波的频域方程

沉积物衰减条件和掠射角都是与频率相关的，系数随频率变化，而海底电缆的结构基本固定，在广域频率的声波照射下，必然会在某个频率出现极大值，即共振峰。共振峰是最重要的频域特征，是物体材料、性质、结构的映射，不同物体共振频率相差很大，当频率逼近物体自身频率时，有较大的弹性信息，此时回波信号最大，与镜反射波叠加后更容易被检测到。平面波从时间域变换到频率域主要通过傅里叶级数和傅里叶变换，仿真结果以输入信号的频率为变量，揭示了结构本身的固有频率与激励频率之间的密切关系[8]。

根据时域中的分析可知，电缆的关键结构通常只有两种：最外层聚乙烯和铠装层，内部结构影响很小，除此以外，频域中考虑了衰减系数的存在，内部结构每多一层就会经历两次阻尼层的衰减，就更加难以对波形产生影响，据此将海底电缆进一步简化为无限长单层圆柱壳体，建立柱坐标系如图 8-1 所示。

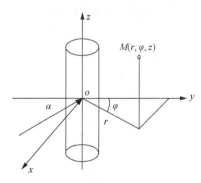

图 8-1 无限长单层圆柱壳体几何模型

如图 8-1 所示，设入射波在 oxy 平面内，入射波与 y 轴负半轴的夹角为 α，接收点与 y 轴正半轴的夹角为 φ，r 为发射点与柱轴的水平距离。

将平面波先按照柱函数展开：

$$e^{ikx} = e^{ikr \cos \varphi} \tag{8-1}$$

将式(8-1)应用傅里叶级数变换：

$$e^{ikr \cos \varphi} = \sum_{n=0}^{\infty} f_n(r) \cos(n\varphi) \tag{8-2}$$

式中，$f_n(r)$ 为待定函数。

将式(8-2)两边同乘以 $\cos(n\varphi)$，在区间 $(0, 2\pi)$ 内积分，由于三角函数具有正交性，$f_n(r)$ 可表示为式(8-3)的形式。当 $m=0$ 时，$\varepsilon_m = 1$；当 $m>0$ 时，$\varepsilon_m = 2$：

$$f_n(r) = \frac{\varepsilon_m}{2\pi} \int_0^{2\pi} e^{ikr \cos \varphi} \cos(m\varphi) \mathrm{d}\varphi \tag{8-3}$$

式(8-3)引入贝塞尔函数：

$$\int_0^{2\pi} e^{ikr \cos \varphi} \cos(m\varphi) \mathrm{d}\varphi = 2\pi i^m J_n(kr) \tag{8-4}$$

式中，$J_n(\cdot)$ 为柱贝塞尔函数。

由此平面波可按照柱函数展开：

$$e^{ikr \cos \varphi} = \sum_{n=0}^{\infty} \varepsilon_n i^n J_n(kr) \cos(n\varphi) \tag{8-5}$$

根据惠更斯原理，可以认为柱所激起的声场是表面上的某些虚源组作用的结果。因此，总声压场 p 可以看作入射场 p_0 与虚源叠加场 p_s 相加的形式：

$$p_0 = e^{ikz \sin \alpha} \sum_{n=0}^{\infty} \varepsilon_n i^n J_n(kr \cos \alpha) \cos(n\varphi) \tag{8-6}$$

$$p_s = e^{ikz \sin \alpha} \sum_{n=0}^{\infty} \varepsilon_n i^n A_n H_n^{(1)}(kr \cos \alpha) \cos(n\varphi) \tag{8-7}$$

式中，$H_n^{(1)}(\cdot)$ 为柱汉克尔函数；A_n 为未知系数。

对于绝对硬的柱，边界振动速度为 0：

$$\frac{\partial p}{\partial r}\Big|_{r=\alpha}=0 \tag{8-8}$$

利用式 (8-8) 求解未知系数 A_n：

$$A_n=-\frac{\mathrm{J}'_n(k\alpha\cos\alpha)}{\mathrm{H}^{(1)'}_n(k\alpha\cos\alpha)} \tag{8-9}$$

对于绝对软的柱，边界声压为 0：

$$p\big|_{r=\alpha}=0 \tag{8-10}$$

利用式 (8-10) 求解未知系数 A_n：

$$A_n=-\frac{\mathrm{J}'_n(k\alpha\cos\alpha)}{\mathrm{H}^{(1)'}_n(k\alpha\cos\alpha)} \tag{8-11}$$

定义阻尼 Z：

$$Z=Z_1+Z_2 \tag{8-12}$$

式中，Z_1 为掩埋状态下的沉积物损耗；Z_2 为聚乙烯材料中的阻尼损耗。

对于阻尼单层圆柱壳体的柱，声压与速度的比值为阻尼 Z：

$$\frac{p}{v}\Big|_{r=\alpha}=-Z \tag{8-13}$$

联立式 (8-9)、式 (8-11)~式 (8-13)，求解未知系数 A_n：

$$A_n=-\frac{\mathrm{J}_n(k\alpha\cos\alpha)+\dfrac{\cos\alpha}{\mathrm{i}\rho c}\mathrm{J}'_n(k\alpha\cos\alpha)}{\mathrm{H}^{(1)}_n(k\alpha\cos\alpha)+\dfrac{Z\cos\alpha}{\mathrm{i}\rho c}\mathrm{H}^{(1)'}_n(k\alpha\cos\alpha)} \tag{8-14}$$

8.2　建立掩埋电缆频域仿真模型及结果分析

8.2.1　定义频域仿真模型和场域边界条件

根据建立的掩埋电缆回波的频域方程和几何模型，定义入射波与沉积物夹角为 θ，模型使用"压力声学"接口下的"多孔声学"域；沉积物调用 Biot

模型，该声传播衰减理论模型非常适合描述饱和流体下的多孔介质，考虑了流体与骨架的相对移动，精度较高。本节只对宽度为 1.2m 的一部分进行建模，通过在左右边界应用周期性 Floquet 边界条件来表示无限大域，通过将背景压力场应用于水域来表示入射场[9]。在建模区域的顶部，用完美匹配层（PML）对无限大水域进行建模，通过设置阻抗边界条件来模拟顶部吸声材料。所建模型如图 8-2 所示，沉积物中存在外包阻尼层的电缆。

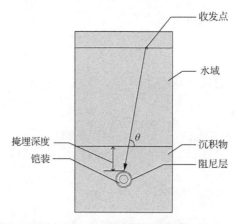

图 8-2　频域几何模型

如图 8-2 所示，电缆阻尼层外径取 22cm，材质为聚乙烯材料，铠装层外径取 20cm，铠装层内径取 17cm，铠装层的材质为钢，掩埋深度为 0.3m，收发点位于沉积物以上 1.2m 处，计算频率范围为 0～120kHz。入射波从目标正上方垂直入射，即掠射角 $\theta = 90°$。

8.2.2　仿真结果分析

模型将背景压力场应用于水域来表示入射场，从而实现入射（背景）压力场和散射场的分离。L 表示长度，仿真结果的声场分布图如图 8-3 所示。

由图 8-3 可知，入射场在沉积物中发生大幅衰减；海底电缆的存在对声场有畸变作用；阻尼层声场分布与周围环境相差不大，这是由二者都不能传播切变波，声学性质相似所致；铠装层自身边缘出现少量声场集中的情况，声强略大于外部阻尼层，这是由上下表面反射回波形成的声场进行叠加所致；铠装层内部基本不存在声场，符合时域分析结果，即海底电缆的关键结构通常只有两种：最外层为聚乙烯和铠装层，内部结构影响很小。

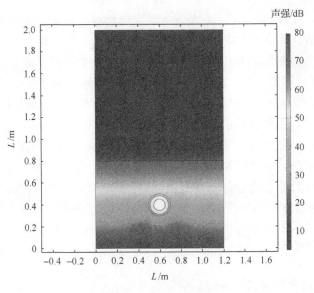

图 8-3　声场分布图

式 (8-14) 中的 $k\alpha$ 代表相对频率，对应形态函数的变化，此处将 $k\alpha$ 视为频率 f，则对应的形态函数为声强。在垂直照射不考虑阻尼的条件下，所得频域计算结果如图 8-4 所示。

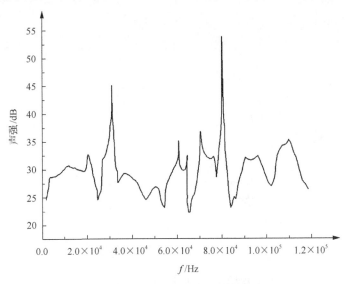

图 8-4　频域计算结果

由图 8-4 可知，在垂直入射情况下，无限长单层圆柱壳体的频域计算结果由共振峰组成，反映了在背景场下整个结构的振动响应，揭示了结构本身的固有频率与激励频率之间的密切关系。在 0～120kHz 中共存在多个共振峰，分布在 23～55dB 范围内，其中存在两个强共振峰，低频共振峰在 32kHz 处，声强为 45dB；高频共振峰在 82kHz 处，声强为 53dB。高频共振峰与低频共振峰之间存在极小值。强共振峰的声强明显高于周围频率的声强。所在频率的差值恰好是整个频域范围的一半。高频共振峰比低频共振峰反射能力高 18%。因此，对于本次仿真所采用的电缆，在实际探测中，使用 32kHz 或 82kHz 的频率进行探测，将会获得较好的探测结果。但这两个极值共振峰是由海底电缆本身的结构和材料共同作用所产生的，电缆不同共振峰必然不同，结构和材料变化后应当按照掩埋电缆回波的频域方程的步骤，代入实际结构和材料参数，进行频域仿真以获得实际共振峰，再根据共振峰所在频率指导电缆探测。

1. 深度对电缆回波声场的影响仿真研究

图 8-4 讨论了掩埋深度为 0.3m 的情况，实际掩埋深度多是 0.1～1m，计算 0.5m 与 0.7m 的回波声场，并与 0.3m 的回波声场进行对比，如图 8-5 所示。

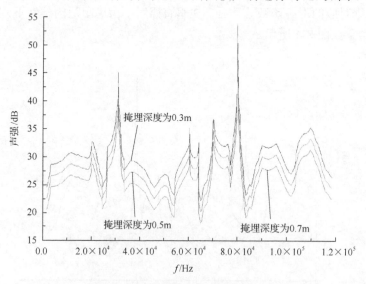

图 8-5　不同掩埋深度频域计算结果

沉积物的吸声系数为 0.1dB，阻尼层的吸声系数为 0.5dB 时，由图 8-5 可知，电缆的回波强度随着掩埋深度的增加逐步减少，掩埋深度每增加 0.2m，声强下降 4dB，整体统一下降，形状基本不变，低频共振峰在 32kHz 处，高频共振峰在 82kHz 处。

由于沉积物的吸声系数已经确定，掩埋深度对电缆波形的影响呈线性增加，掩埋深度对声强的衰减比较规律，波形没有发生畸变，峰值处的亮点必然最后消失，据此在指导电缆探测时，应当使用峰值处的频率进行探测，可以有效增强探测的信号。利用这个特征可以在施工前，对近岸电缆进行现场精测，判断共振极值峰所在频率，以获得较好的探测结果，适用于阻尼层的吸声系数难以测定的情况。

2. 衰减条件对电缆回波声场的影响仿真研究

衰减条件主要包括两类：沉积物的吸声系数和阻尼层的吸声系数。当阻尼层的吸声系数为 0.5dB、掩埋深度为 0.3m 时，分别计算沉积物的吸声系数为 0.1dB、0.2dB、0.3dB 的回波声场，如图 8-6 所示。如果在时域方程中考虑衰减的影响，首先应当进行频域分析，求解对应频率下的衰减系数，即声强减少量与声强总量的比值，最后将衰减系数代入时域方程中求解计算将会获得更加精确的解和图像。

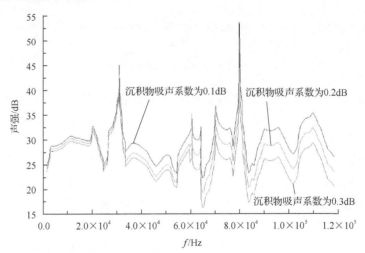

图 8-6　不同沉积物吸声系数频域计算结果

由图 8-6 可知，当沉积物的吸声系数增大时，电缆的回波强度减少，但低频与高频变化规律不同，在 3.5×10^4Hz 之前，沉积物的吸声系数带来的影响很微弱，变化在 0.5dB 之内。当频率超过 3.5×10^4Hz 后，吸声系数的影响大幅增加，并且频率越高，沉积物的吸声系数带来的衰减越严重，在 3.5×10^4Hz 处，沉积物吸声系数每改变 0.1dB，总声强将会衰减 5dB，这说明高频对沉积物吸声系数非常敏感，吸声系数较高时应当使用低频探测。整个频率变化过程中共振峰个数、形状、位置基本不变。

当沉积物的吸声系数为 0.1dB、掩埋深度为 0.3m 时，分别计算阻尼层的吸声系数为 0.5dB、1.0dB、2.0dB 的回波声场，如图 8-7 所示。

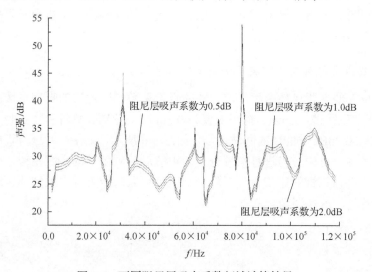

图 8-7   不同阻尼层吸声系数频域计算结果

如图 8-7 可知，当沉积物的吸声系数不变时，电缆的回波强度随着阻尼层的吸声系数的增加略微减少。导致这种趋势的原因是沉积物的吸声系数和阻尼层吸声系数性质不同。沉积物属于多孔介质，阻尼层属于固体介质，多孔介质中会出现声波多次折射与反射，声速一定时，频率越大，波长越小，衍射能力越弱，穿透能力(同一方向)越强，信号穿透会损失很大能量，所以高频声波在多孔介质中衰减更严重。在固体介质中则不存在这个问题，损耗基本固定且随距离线性增加。多孔介质的吸声系数同时与波长、厚度成正比，而阻尼层的吸声系数只与厚度成正比。阻尼层的吸声系数可以体现在时域方程中，主要是对声强的衰减，随着阻尼层的加大，声强线性减小。实际应用时，必须考虑所探测的材料、沉积物的性质等综合因素带来的影响，充分考虑频率带来的影响。如果要获得较为准确的时域解，应当先进行频域分析计算衰减，再将结果纳入时域方程中求解。

3. 掠射角对电缆回波声场的影响仿真研究

下面针对掩埋深度为 0.3m、阻尼层吸声系数为 0.5dB、沉积物吸声系数为 0.1dB 的电缆，研究掠射角变化时回波声场的变化规律，计算了 30°～90° 共 5 个掠射角下回波强度变化曲线，如图 8-8 所示。

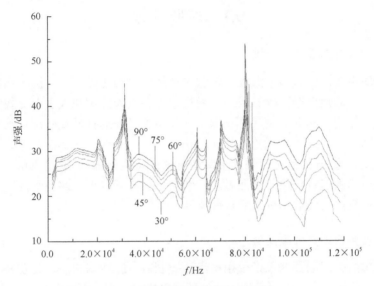

图 8-8　不同掠射角频域计算结果

从图 8-8 中可以看出，当掠射角大于 60°时，回波强度随着掠射角的减少略有降低，但下降幅度不明显，高频降低幅度略大，掠射角每下降 15°，低频回波强度下降 0.5dB，高频回波强度下降 3dB。但当掠射角进一步减小，小于 60°时，回波强度下降幅度非常明显，高频衰减更加严重，掠射角每下降 15°，低频回波强度下降 1dB，高频回波强度下降 5dB。共振峰发生偏移，波峰削弱，波谷加深，声强信号大幅削弱，掠射角为 45°时，低频共振峰幅值与高频共振峰相等。这说明相对于高频来说，低频共振峰的位移变化较小。因此在掠射角小于 45°时，宜使用低频共振峰所在的频率进行探测。掠射角最大的影响不仅是波形的衰减，还有波形的畸变，峰值整体向左平移意味着单一的频率探测在掠射角变化时可能会由原先的波峰强反射进入波谷弱反射，进而导致声场强度的骤降，不利于探测的进行。此外，在小掠射角时，接收阵始终正对沉积物，沉积物的幅值基本不变，共振峰衰减过多必然会淹没在沉积物的波形中，因此实际探测中，应尽可能避免小掠射角情况的出现。

第9章 海底电缆路径精测回波试验及特征分析

9.1 试验计划

9.1.1 考察并选择试验场地

海底电缆回波试验中海底电缆敷设地区一般回避礁石区，沉积物以冲刷淤泥为主，砂质掺杂，碎石较少。考察该地各大天然湖和人工湖寻找相似试验场地，使用声呐探测湖底形状深度，使用长杆扦插打捞观察沉积物类型。勘测表明，北山人工湖试验条件比较优越，整个湖底呈碗形，湖底尤其是湖中央深度约为 3m，满足探测需求，湖内填有大约 30cm 的淤泥水草，符合实际海底电缆的运行环境。湖面宽广、波浪小、碎石较少，避免了四壁反射和尖锐物体反射造成的影响，适宜做现场试验。

9.1.2 连接仪器并分配任务

这里所采用的仪器包括仪用电源、控制器、脉冲调制器、收发合置换能器、匹配滤波器、图像显示器、示波器、采集器、不间断电源(uninterruptible power supply，UPS)和聚乙烯海底电缆，具体参数如下。

(1)仪用电源：单端式船用电源，额定电压为 24V，可转接 12V 降压运行，型号为 MEAN WELL/明纬 LAS-350-24。

(2)控制器：自研，采样频率为 0～200kHz，信号发生器兼功率放大器功能，可改变输入输出功率，额定电压为 24V，2 通道，16 位垂直分辨率。

(3)脉冲调制器：延迟、触发超宽频脉冲调制器，型号为 LM99524DM。

(4)收发合置换能器：10～200kHz 水下合置水声换能器，型号为 DCW-50/200-F-X，主波束指向性开角 45°，长 12cm，宽 5cm，高 2cm，灵敏度为 0.5dB。

(5)匹配滤波器：误差矢量幅度不超过 6%(单调速率调度(RMS))，误差向量幅度不超过 2%，I、Q(两路复信号(输入信号))偏差–50dB，相位误差 5°，型号为 DAPEE4-898L-609H-23。

(6)图像显示器：液晶显示(liguid-crystal display，LCD)，型号为 Lowrance800cc 高清。

(7) 示波器：Tektronix 泰克 5 系列混合信号示波器，自带波形记录功能，FlexChannel 输入通道，采样频率为 30kHz，额定电压为 220V。

(8) 采集器：Ulid-Flash 高速数据采集器。

(9) UPS：额定电压 220V，型号为山特（深圳）UPS C3kV 3kVA/2400W 外接蓄电池组，东洋蓄电池 6GPPJ 全系列 3 组。

(10) 聚乙烯海底电缆：±500kV 特高压聚乙烯单芯挤包直流海底电缆，直径为 22cm，长度为 1.5m，品牌为鑫嵩山。

可根据图 9-1 (a) 将各个部件连接并调试，仪器连接实物图如图 9-1 (b) 所示。

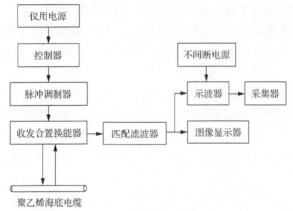

(a) 仪器连接示意图

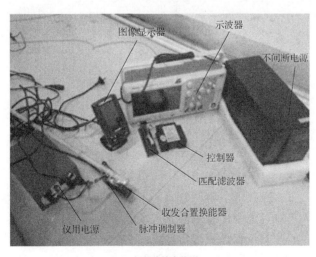

(b) 仪器连接实物图

图 9-1　仪器连接示意图与连接实物图

如图 9-1 所示，仪用电源提供 24V 电压，控制器按照设定发射固定频率的电信号，经由脉冲调制器调制波形，由收发合置换能器将电压转化为声波，在探测到海底电缆后形成回波再次被收发合置换能器接收，经过匹配滤波器的处理，将噪声降到最小值，由示波器展示声学波形，由显示器展示声学图像，最后利用采集器记录信号。

试验计划由 4 人联合探测，考虑到以无限长电缆为研究对象，而实际电缆长度有限，仅 1.5m，在首尾两端的横截面上会出现较强的棱角波，妨碍探测。试验采用塑料多孔泡沫制成截面护套，包覆住截面，利用多孔泡沫对声波的强衰减性削弱棱角波对试验的影响。为了控制电缆在水下的倾角，避免出现两端入水深度不统一，将绳每隔 10cm 打上绳结，便于衡量入水深度。垂直探测时，电缆依靠重力自由下垂，换能器接收面正对电缆轴心，同时保持与水面平行，此时探测精度较高。改变掠射角时，为了保持换能器接收面始终与水面平行，换能器固定不动，改变电缆的相对位置。合理调节调制器的参数可以降低沉积物与杂物的影响，一般来说，调制器精度越高，所接收的杂波噪点越多，当目标回波强度明显高于干扰的强度时，降低精度可以突出探测重点。根据每人所持仪器进行探测时的分工如图 9-2 所示。

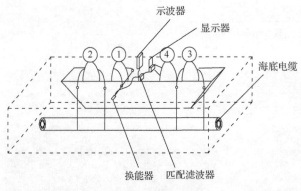

图 9-2　试验分工图

如图 9-2 所示，具体任务分配如下。

(1)第一人安装换能器，将其垂直固定在船边。

(2)第二人与第三人使用细绳控制电缆的入水深度。

(3)第四人利用控制器调试仪器，获得准确的波形后，观察图像显示器并记录数据，第一人观察示波器并记录数据。

(4)改变角度时，利用长杆组成滑梯，第二人与第三人控制电缆顺着滑梯进入水中。变换角度分别为 0°、15°、30°、45°，第一人与第四人记录回波数据。

(5)改变沉积物深度时，第二人与第三人控制电缆，按长杆扦插的深度，缓缓沉入淤泥中，保持拉力控制沉入的深度，第一人与第四人记录回波数据。

9.2　试验过程

试验环境为风速 2m/s，气温 29℃，湖面少量船只通过，流速东南方向 1.5m/s，船只吃水深度 0.8m。试验对象是一条标准±500kV 单芯挤包直流海底电缆。

首先在湖中央固定船只，关掉发动机以减少干扰。先将试验区域的水草打捞出来，探测湖底障碍物，探测图像显示沉积物呈现碎片状分布，有少量杂物亮点，但面积很小，长杆扦插测量湖底淤泥深度为 30cm，类型是砂质混合淤泥，淤泥成分较多，比较类似近岸处的多年沉积物，强度不足以承受电缆的压强。

然后由第一人将换能器安装在延长杆上，调节延长杆顶端角度，使换能器的阵面与水面平行，缓缓放入水中，直到到达水面以下 1m、水底上方 2m 处。将延长杆垂直固定在船边。

接着由第二人在船头，第三人在船尾，分别用塑料细绳绑住电缆两端，按照绳结衡量的尺寸，将电缆水平放入水中，直到电缆悬浮于水底以上 1m、换能器以下 1m 处。为了避免湖底的影响，验证非沉积物的影响因素时，始终保持电缆与水底的距离，垂直探测时保证换能器和电缆中心线在同一条垂线上；调整换能器和电缆之间相距 1m，使其满足近距离探测，同时也满足远场条件以符合理论假设。第四人调节控制器发射频率为 30kHz，如果电缆图像亮度明显高于干扰物的亮度，则可以减小调制器接收的精度，降低背景噪声的掺入，突出探测重点，获得准确的波形后，观察图像显示器并记录数据，第一人则观察示波器并记录数据。

最后，改变探测角度，将两条长杆倾斜一定角度，组成"人"字形滑梯，再将电缆顺着长杆慢慢滑下去，以此达到控制探测角度的目的。长杆倾斜的角度分别设为 0°、15°、30°、45°，用采集器记录回波数据。改变沉积物深度时，第二人与第三人控制电缆，按长杆扦插的深度，缓缓沉入淤泥中，始终保持拉力以控制电缆在淤泥中沉入的深度，用采集器记录回波数据。尽量使电缆在淤泥中自主沉降，避免改变淤泥的声学性质。试验现场图如图 9-3 所示。

　　　　　(a)　　　　　　　　　　　　　　　　　(b)

图 9-3　试验现场图

　　如图 9-3 所示，试验场地湖面宽广，来往船只较少，水面波浪较小。实地组装仪器并调试，可以获得稳定的波形与图像，通过采集器记录各个条件下的数据等待后期处理。

　　试验过程中，来往船只、水面风浪对探测的影响很大，船只通过时波形信号呈现反射波波形逼近入射波，波形不稳定，变化幅值大的现象。这再次验证了水面检测水下物体的难度和自治式潜水器(autonomous underwater vehicle，AUV)的优势。试验中应当尽可能远离水面以得到较好的试验结果。声学图像直观明了，但难以提取数据，只能定性判断能量的损失。所以在调制器外接示波器提取波形图，作为原始数据的波形图反映了真实的信号，特别在衰减和频率的影响分析方面优于图像。

9.3　试验结果分析

9.3.1　沉积物对电缆声学波形的影响

　　声呐声速为 1500m/s，探测频率为 30kHz，远远高于示波器的采样频率，入射波与反射波同时进入示波器，相互叠加，由于入射波的波幅一定大于反射波的波幅，所以波形分双层，根据幅值可以判断，外层是发射波形，波幅约为 10V，内层为接收波形，小于 10V，如图 9-4 所示。

　　图 9-4(a)是对照组，用于考察探测环境。无电缆探测时探测的是湖底情况，发射波波幅约为 10V，反射波波幅约为 2V，探测过程中反射波波幅前后变化不超过 0.5V，幅度小，波形稳定，说明湖底对声波有很强的吸收作用，折射与损耗的能量相当于入射能量的 80%，部分反射波幅值较大，可能是水

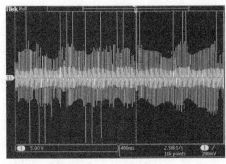
(a) 30kHz无电缆探测波形

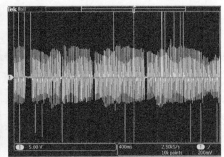
(b) 30kHz掠射角90°探测波形

图 9-4　30kHz 无电缆与有电缆掠射角 90°探测波形

下碎石等强反射声源。少量线条状波形接近或超过 10V，没有规律性，不符合能量守恒定律，属于仪器杂波。图 9-4(b)是自由悬空电缆掠射角 90°时的探测波形，有电缆且掠射角为 90°时，接收波形明显增强，反射能量相当于入射能量的 70%，与图 9-4(a)对比可见，湖底沉积物的波形基本都被电缆波形所掩盖，波幅稳定在 7V 左右；图 9-4(b)中的波形出现了 3 个间隔，可能是由示波器与接口连接不够牢固所造成的仪器误差。沉积物的声学波形反映到声学图像上，如图 9-4(b)所示，呈现为近处悬空的海底电缆图像会掩盖大部分沉积物图像，证明了电缆与沉积物在声学性质上存在明显差异。

9.3.2　掠射角对电缆声学波形的影响

由频域分析可知，探测频率不变时，掠射角越大，波形损耗越严重。保持频率为 30kHz 不变，分别将掠射角定为 75°和 60°，结果如图 9-5 所示。

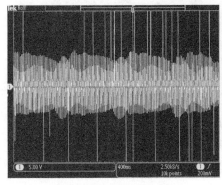

(a) 30kHz掠射角75°探测波形

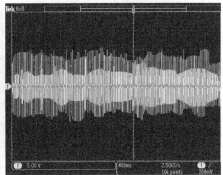
(b) 30kHz掠射角60°探测波形

图 9-5　30kHz 有电缆掠射角 75°和 60°探测波形

　　由图 9-5(a) 可知，相对于 30kHz 掠射角 90° 探测波形，75° 照射时的接收波形略微减弱，波幅稳定在 6V 左右，传播大约损耗了 40% 的总能量。总体来说，与掠射角 90° 的探测波形相类似，变化不大，相差不超过 10%，验证了大掠射角时角度对探测影响不大的结论。体现在声学图像上，掠射角 75° 时的声学图像应当与掠射角 90° 的声学图像相差不大，如图 9-5(a) 所示。虽然掠射角 75° 时电缆的波形有少许衰减，但依旧远胜于沉积物的波幅，从波形覆盖的面积来看，掠射角 75° 时电缆反射的能量约是沉积物反射能量的 3 倍，说明即使电缆放在沉积物上，也可以明显区分出来。如图 9-5(b) 所示，30kHz 掠射角 60° 照射电缆时，相对于掠射角 75° 的探测波形，幅值有了明显的减弱，平均衰减了 1.5V，衰减速度或能量损耗速度大约增加 50%，呈现出越来越快的趋势，符合频域分析的预测。从波形覆盖的面积来看，掠射角 60° 时电缆反射的能量约是沉积物反射能量的两倍，说明置于沉积物上方的电缆在掠射角 60° 的情况下，依然可以区分，但相对于掠射角 75° 或掠射角 90°，亮点将会产生明显的衰减。

9.3.3　深度对电缆声学波形的影响

　　由频域分析可知，掩埋深度对电缆有强衰减能力，这是因为沉积物是多孔介质，对声波的吸收能力很强。这里频域依旧选择 30kHz，掩埋 20cm 电缆的声学波形见图 9-6。

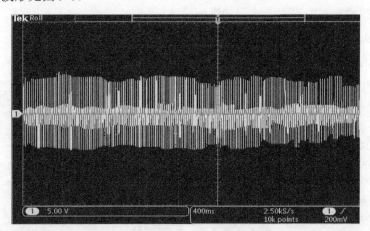

图 9-6　30kHz 掩埋 20cm 电缆探测波形

　　由图 9-6 可知，电缆掩埋 20cm 时接收到的波形出现了大幅衰减，几乎损

失了 80%的总能量，波幅基本稳定在 4V 以下，与图 9-4(a)中沉积物的探测
波形相比，相似度很大，湖底沉积物的探测波形有掩盖电缆波形的趋势，但
总体来说，电缆的掩埋波形仍有部分波形突出，说明沉积物未能完全掩盖电
缆波形。该特征体现在声学图像上，呈现为电缆图像与沉积物图像混合，但
电缆可能会有一些亮点存在，与图 9-4(b)中自由悬空电缆声学波形相比差距
很大，相当于掠射角 90°反射能量的 20%，根据现有的理论推断，差距大的
原因不仅有沉积物的衰减作用，还有沉积物表面的散射作用，二者叠加的衰
减效果高于时域方程的预测(时域方程中只考虑有 10%左右的衰减)，但符合
频域方程的预测(频域仿真中推断约有 70%的衰减)。因此实际计算中，应先
在频域分析介质阻抗，后进行时域分析。

9.3.4　频率对电缆声学波形的影响

由频域分析可知，在 0～120kHz 中存在两个强共振峰，共振峰的声强明
显高于周围频率的声强。高频共振峰比低频共振峰反射能力强。当90°照射，
以 10kHz 的速率，从 10～100kHz 快速更换频率时，所得探测波形如图 9-7
所示。

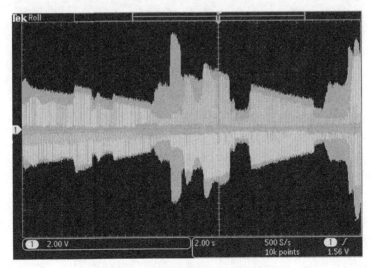

图 9-7　快速更换频率时电缆探测波形

由图 9-7 可知，当快速更换频率时，图像变化非常剧烈，入射波与反射
波的界限不清，出现两个明显的共振峰，幅值可达 7V，其他峰值在 5V 左右，
证明了频域仿真结果中两个共振峰的存在，同时第一个共振峰极值与第二个

共振峰极值之间存在波谷,幅值约为 2V,两个极值之间的距离约占整体的一半,与频域仿真中两个共振峰所在的频率基本吻合。该测试方法受频率变化速率影响较大,当变化过快时易出现混乱杂波,可能是由电压变化过于剧烈导致的,而变化过慢时,不能在一幅图上完整地展示两个共振峰的存在。应当尽量均匀改变频率,再根据插值法判断出对应的频率。

实际探测中,弹性波的存在可以在特定频率下增强回波。降低探测频率时电缆的探测波形如图 9-8 所示。

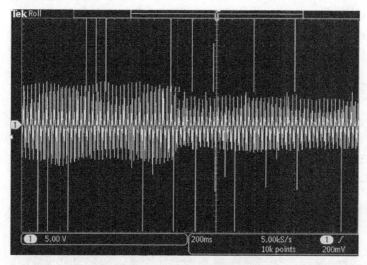

图 9-8　15kHz 掠射角 90°探测波形

由图 9-8 可知,15kHz 掠射角 90°探测波形相对于 30kHz,频率降低而采样频率不变,使得波形略显稀疏,波峰衰减 10%,这是因为 30kHz 处于低频共振峰附近,弹性回波增强,叠加在几何回波上,增强了电缆的反射能力。如果是两个非共振频率进行对比,具体变化情况应当对其在频幅图上的位置进行综合判断。在给定的衰减条件和探测条件下,电缆波形只是被沉积物波形掩盖,而未发生畸变,根据这个特征,可以在实际探测前,先改变频率近距离探测一部分,查出极值峰所在频率,再利用该频率进行探测,可以避免对频域方程仿真求解,适用于环境条件检测难度高的情况,如难以测定沉积物衰减系数、水质浑浊等复杂的施工现场。

9.3.5　结构对电缆声学图像的影响

声呐图像本质就是时域的瞬态计算结果,亮度就是声强的反映。时域的仿真结果可以从声呐图像中根据颜色明度进行定性判断。试验中，将钢管和电缆分别悬吊在水中模拟自由的状态进行探测，观察图像显示器显示的声学图像并记录。声呐图像按反射强度进行分色，水中游鱼、石块、水草在声呐图像上以黑色为主，与较明亮的电缆图像有很大的差别，水中其他障碍物较少且特征明显，不足以掩盖电缆，可以通过调制器减弱障碍物的影响。多种沉积物（如带水草的淤泥）对电缆有强烈的遮蔽效果，远远高于单种沉积物带来的影响，这可能是多层结构的反射与折射引起的。为了验证时域仿真结果，探讨电缆声波照射下的关键结构，分别对电缆和等径钢管进行探测，如图9-9、图9-10所示。

 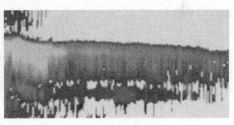

(a) 钢管实物图　　　　　　　　　　　(b) 钢管声学图像

图 9-9　钢管实物图及声学图像

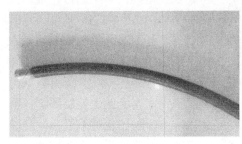 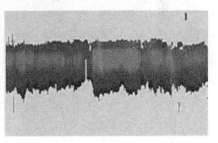

(a) 电缆实物图　　　　　　　　　　　(b) 电缆声学图像

图 9-10　电缆实物图及声学图像

由图 9-9、图 9-10 可知，虽然钢管和电缆是等径的，截面积相等，但钢管的声学图像更加明亮，代表强反射的深色区域面积大，容易区分，侧面有明显沉积物的存在，据打捞得知是水藻的声学图像。上侧与下侧相比阴影面积小，下侧边界不清，左侧有亮点，反射能量大，右侧末端声学图像微微变形，颜色较暗，推测是因为发射阵未能完全正对物体中心，发射面法线略向左上偏斜，导致左上部的反射能量较强，下侧出现阴影。图 9-10(b)水下电缆的探测图像强反射面积较小，颜色更深，两侧都出现明显的阴影。钢管与电缆尺寸完全相同，而且是等精度观测，唯一的差异就是材质，据此可以推断扩大的阴影由电缆外侧的反射能力差的聚乙烯层引起，较浅部分由金属结构引起，再根据强反射面积的尺寸比例，不难推断该金属结构就是铠装层。铠装层即使被聚乙烯包覆，也可以表现出较强的反射能力，与理论预测相同，证明了时域方程和时域仿真的正确性。

9.3.6　深度对电缆声学图像的影响

不同材料悬浮状态垂直照射的声学图像如图 9-11 所示。

(a) 水下掩埋10cm电缆声学图像　　　　　　　(b) 水下掩埋10cm钢管声学图像

图 9-11　水下掩埋 10cm 电缆与掩埋 10cm 钢管声学图像

如图 9-11(a)所示，掩埋 10cm 没有完全遮盖住电缆的声学图像，依旧具有裸露探测的特征，如与铠装层尺度相同的亮点等。如图 9-11(b)所示，钢管图像依旧比电缆清晰明亮许多，区分明显。上部平行的黑色条纹依然还是水藻的图像。水藻本身反射能力不强，能折射大部分能量，但在探测过程中，水藻表现出的衰减能力明显高于沉积物，几乎可以掩盖住电缆的所有波形，极难区分电缆路径。分析认为，水藻不同于沉积物，本身就是多层结构，而且分布不均，反射方向变化很大，进而导致入射波不仅出现阻尼衰减，还将能量向其他方向散射，使接收阵很难接收到电缆反射的波形。实际探测中，应尽量避免水草类植物覆盖电缆，否则会极大增加探测难度。

由图 9-11 可见，水下掩埋物体声学图像的最大特征就是亮点由纵向纹理组成，图像间断不连续，富有层次感，边缘模糊不清，颜色很深。最大的亮点一般就处于正中央，这是镜反射能量较强引起的，几何规律的物体一般都具有这个特征，也说明了现有的只看亮点的探测方式有其合理性。

由频域分析可知，当沉积物的吸声系数已经确定时，深度对电缆波形的影响呈线性增加，深度对声强的衰减比较规律，波形不会发生畸变。不同深度掩埋的声学图像如图 9-12 所示。

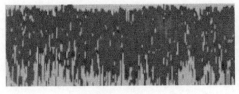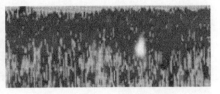

(a) 水下掩埋20cm电缆声学图像　　　　　(b) 水下掩埋30cm电缆声学图像

图 9-12　水下掩埋 20cm 与掩埋 30cm 电缆声学图像

由图 9-12 可知，电缆掩埋 20cm 和 30cm 时，相对于掩埋 10cm 的图像，强反射亮点的面积与数量在逐步减少，无法分辨电缆的结构轮廓，只能通过连接亮点勉强判断电缆走向，衰减非常严重。由图 9-11 与图 9-12 可知，电缆的边缘反射能力最弱，最先被沉积物掩盖。现有的以电缆较为笔直边缘作为识别对象的算法在实际操作中并不可行，只能识别边缘完全裸露的管线，应用范围窄，算法识别度低，而根据亮点进行路径预测，则具有较高的精度和可操作性。在图 9-12(b) 中，提高调制器的分辨率，即降低显示器显示的阈值，可以多观察到一些亮点，但沉积物的反射也会进入图像中，干扰观测效果，对识别电缆帮助有限。根据减少的速率进行推测，当电缆掩埋到 50cm 处时，亮点会完全消失在声呐图像上。

9.3.7　掠射角对电缆声学图像的影响

研究掠射角对电缆声学图像的影响时，应当控制其他变量，突出掠射角的作用。探测时，使电缆处于悬停在水中的状态，降低调制器分辨率，排除沉积物图像的干扰，使声呐图像上只出现电缆的声学图像，使用长杆组成滑梯精确控制掠射角度，分别探测掠射角 75°、掠射角 60°、掠射角 45°时的电缆图像，如图 9-13 所示。

如图 9-13 所示，相对于图 9-10(b)掠射角 90°的声学图像，掠射角 75°、60°和 45°电缆图像亮点逐渐减少，包括探测图像本身的面积也在缩小。考察黑色强反射面积，掠射角 75°的强反射面积约是掠射角 90°的 1/2，图像面积有少量缩减。掠射角 60°的强反射面积约是掠射角 90°的 1/8，图像面积减少了 2/3。如图 9-13(c) 所示，掠射角为 45°时，电缆不再拥有亮点，全由黑条纹组成，绝大部分能量散射消失，反射能量极小，图像基本失真，间断严重，空隙极大，直接将电缆图像分解成碎片状，只能勉强看出电缆的走向，试验过程中电缆尚处于悬空状态，没有其他干扰，如果置于沉积物中将会彻底消失。可见，掠射角对于声学图像的衰减呈现越来越强的趋势，符合频域仿真

(a) 掠射角75°电缆声学图像　　　　　　(b) 掠射角60°电缆声学图像

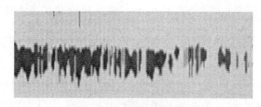

(c) 掠射角45°电缆声学图像

图 9-13　掠射角 75°、60°与 45°电缆声学图像

中的预测，即频率确定时，掠射角越小，声强衰减越严重。提高频率后该性质会更加明显。减小掠射角时，亮度低的区域率先出现空隙、间断，分割图像并向周围扩展延伸，逐渐增多，图像本身仍由纵向纹理组成，而边缘依旧模糊不清，与掩埋电缆的图像的消失方式相似，没有沉积物的干扰，亮点消失的规律更加明显。

综合对比图 9-13(a)～(c)，可见信号的衰减体现在声学图像上，主要是亮度低的区域向亮点扩散，如果亮点在中央，必然会从边缘出现锯齿开始，慢慢发展，以纵向空隙分割暗处，再逐渐扩大，按照亮点的能量从小到大依次吞没，直到图像完全消失，最强的亮点一定最后消失。根据这个特点，可以将声学亮点作为电缆路径追踪的关键，以亮点连线的指向作为电缆路径前进的方向。设计声学探测的目标时，也可以增加最亮的点的亮度，以此来降低探测难度。例如，在电缆上每隔一段距离套上一个硬质标志物作为方向指引等，将会极大地增加探测成功率。

如果在探测时，电缆与探头发生偏转或相对位移，则探测效果如图 9-14 所示。

由图 9-14 可知，当电缆与探头发生偏转或相对位移时，图像会出现明显的拐点，实测时如果采用"走航式"探测，电缆图像可能不是一条直线。拐点的位移就是探头的位移，应当将船速、方向精确测定，以此修正声学图像的拐点，确定电缆真实走向。此外，船只运行噪声会使图像杂点增多，应把发射阵安排在远离发动机的一侧。

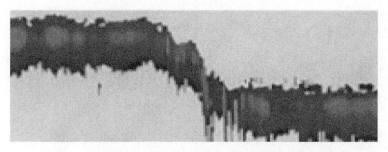

图 9-14　掠射角 45°电缆声学图像与拖动电缆时的声学图像

第10章　电力电缆路径检测系统的理论研究与分析

10.1　建立等效模型求解磁场强度

10.1.1　建立地下电缆空间等效模型

敷设在城市道路设施地面下的电力电缆，其敷设长度和埋藏深度都远远大于直径，所以可以把地下电缆等效成长度为无限长的载流直导线，分析其内部的回路电流，电流等效为密度大、延伸长的线电流。根据毕奥-萨伐尔定律，在载流导线上取电流元 $Id\vec{l}$，空间任一点 P，该点的磁感应强度为 dB^2，$Id\vec{l}$ 与矢量半径 r^2 的夹角为 θ，在真空中：

$$dB = k\frac{Idl\sin\theta}{r^2} \tag{10-1}$$

式中，$k = \dfrac{\mu_0}{4\pi}$，其中，$\mu_0 = 4\pi\times10^{-7}\mathrm{N/A^2}$，为真空磁导率，所以

$$dB = \frac{\mu_0}{4\pi}\frac{Idl\sin\theta}{r^2} \tag{10-2}$$

磁场的方向垂直于电流元与 dl 和 P 点之间连线所在的平面。由右手螺旋定则判定磁场的方向，即 $Id\vec{l}\times\vec{r}$ 的方向。载流直导线 P 点周围磁场几何关系可以由图 10-1 直观反映。

如图 10-1 所示，由于所有电流元在 P 点产生的 dB 都垂直于纸面向里，可以得到电流在 P 点的磁场 B 的方向也应该垂直于纸面向里，其大小为 dB 的积分，所以无限长直导线中电流产生的磁场为

$$B = \int dB = \int\frac{\mu_0 Idl\sin\theta}{4\pi r^2} \tag{10-3}$$

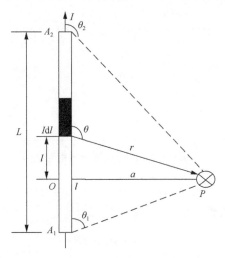

图 10-1　载流直导线 P 点周围的磁场

又有 $r = a\cos\theta, l = a\cot(\pi - \theta) = -a\cos\theta, \mathrm{d}l = a\csc^2\theta\mathrm{d}\theta$，所以得

$$B = \frac{\mu_0 I}{4\pi a}\int_{\theta_1}^{\theta_2}\sin\theta\mathrm{d}\theta = \frac{\mu_0 I}{4\pi a}(\cos\theta_2 - \cos\theta_1) \tag{10-4}$$

若导线为无限长，则将 $\theta_1 \approx 0$，$\theta_2 \approx \pi$ 代入式 (10-4) 得

$$B = \frac{\mu_0 I}{4\pi a} \tag{10-5}$$

对于与无限长直导线的垂直距离相同的各场点，磁感应强度的大小相同。电流实际上总是在闭合回路内流动，因此研究载流直导线外的磁场，一方面为研究由直线段组成的电流回路的磁场准备了条件；另一方面当回路的其余部分距离场点足够远时，磁场主要由临近直线段上的电流决定。

10.1.2　电磁法求解时变磁场强度

在时变磁场中放入一个带电导通的线圈，线圈会随着磁场的变化产生感应电动势，线圈产生的感应电动势的变化规律与磁场变化规律一致，因此通过测量线圈中的感应电动势可以直接推导对应的磁场强度。图 10-2 为放入时变磁场中的线圈等效电路，图中 L 为线圈自感，R_0 为线圈电阻，R 为线圈外接电阻，C 为杂散电容。

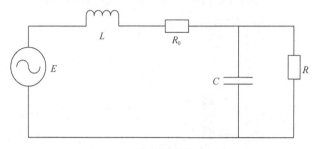

图 10-2　感应线圈等效电路

在理想情况下，假定线圈内产生的磁场是均匀分布的，线圈的两端会感生出一定大小的电动势：

$$e = -\mathrm{j}\omega\mu_0 NAB \tag{10-6}$$

式中，N 为线圈匝数；A 为线圈截面积；B 为磁场强度；μ_0 为磁导率；ω 为角频率。分析电路得到外接电阻 R 的电压为

$$U = \frac{\mathrm{j}\omega\mu_0 NR}{R + j\omega L_0} AB \tag{10-7}$$

由此得出时变磁场强度 B

$$B = \frac{U(R + \mathrm{j}\omega L_0)}{A(\mathrm{j}\omega\mu_0 NR)} \tag{10-8}$$

10.2　电磁感应法识别电缆路径

10.2.1　计算电缆磁场强度分量

无限长直导线中的电流在自由空间产生的磁力线圈在垂直于导线走向的截面上是一组以导线为圆心的同心圆，电缆周围等效磁场分布图如图 10-3 所示。

图 10-3 中 H_x 为场强的水平分量，H_z 为场强的垂直分量。若施加一定频率的信号电流 I 至待测电缆中，该电流在待测电缆中流动并在其周围空间产生一个电磁场。图中 P 为电缆周围任意一点，I 为电流强度，R_0 为 P 点距电流中心的距离，P 点的电场强度为

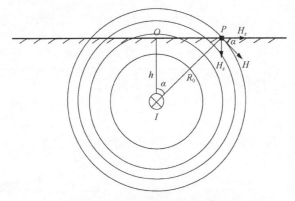

图 10-3 地下电缆周围等效磁场分布

$$H_P = K\frac{I}{R_0} = \frac{\mu_0}{2\pi}\frac{I}{R_0} = \frac{\mu_0 I}{2\pi R_0} \tag{10-9}$$

由图 10-3 中几何关系可以推出场强的水平分量 H_x 和垂直分量 H_z：

$$H_x = \frac{\mu_0 I}{2\pi}\frac{x}{x^2 + h^2} \tag{10-10}$$

$$H_z = \frac{\mu_0 I}{2\pi}\frac{x}{x^2 + h^2} \tag{10-11}$$

10.2.2 极值法确定电缆位置

这里以单个线圈为研究对象进行分析，设线圈产生的磁场强度为 H，则场强的水平分量为 H_x，场强的垂直分量为 H_z；通过现有的已知数据代入 MATLAB 仿真软件进行编程得到不同位移下的 H_x 和 $|H_z|$ 曲线。

1. 注入相同电流时不同位移下的 H_x 曲线

线圈在注入相同电流时不同位移下的 H_x 曲线如图 10-4 所示。其中，横坐标轴表示线圈与电缆的水平位移，纵坐标轴表示线圈接收到的磁场强度水平分量。

通过观察图 10-4 中曲线走势可以看到，随着位移变量逐渐趋近于 0，线圈接收到的磁场强度水平分量出现波峰，在 $x=0$ 时获得极大值。向左或向右偏移都会使磁场强度出现急剧下降，最后归于平缓。由此看出，探测线圈在位于埋地电缆正上方时接收到的磁场强度最大。这也直接确定了埋地电缆的水平摆放位置。

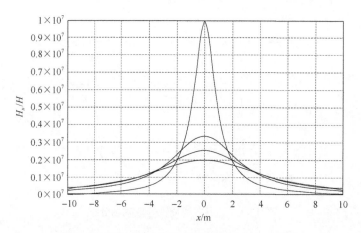

图 10-4　注入相同电流时不同位移下的 H_x 曲线

2. 注入相同电流时不同位移下的 $|H_z|$ 曲线

线圈在注入相同电流时不同位移下的 $|H_z|$ 曲线如图 10-5 所示。其中，横坐标轴表示线圈与电缆的水平位移，纵坐标轴表示线圈接收到的磁场强度竖直分量的绝对值，之所以选用绝对值，是因为绝对值对称翻转，在图中表现得更为直观。

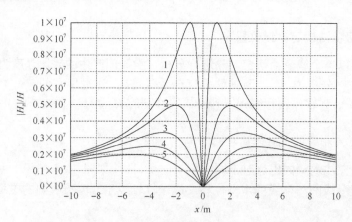

图 10-5　注入相同电流时不同位移下的 $|H_z|$ 曲线

通过观察图 10-5 中曲线走势可以看到，随着位移变量逐渐趋近于 0，线圈接收到的磁场强度竖直分量的绝对值出现波谷，在 $x=0$ 时获得极小值。向左或向右偏移都会使磁场强度出现陡升。由此看出探测线圈在位于埋地电缆正上方时接收到的磁场强度最小。这也直接确定了埋地电缆的水平摆放位置。

10.3　磁场强度信号的采集与传输

对于埋地电缆，其内部的磁场分布特性主要由电缆埋藏深度、敷设方式、工作电流和所处环境的土壤磁导率等多种因素决定。由于敷设环境大多比较复杂，电力电缆中的磁场强度信号非常微弱，很难被传统的传感器感知到，设计的城市地下电缆路径检测系统的信号采集没有选取传统的电磁或电流传感器，而是分为信号发射部分和信号接收部分，系统通过感知周围环境由发射装置向待测电缆中注入一定频率的交流信号，根据通电线圈中接收到的磁场信号，在线圈内部产生感应电动势，利用线圈接收到的磁感应强度的大小和感应电动势的变化量确定地下电缆的位置走向和埋藏深度[10]。

10.3.1　注入信号的耦合方式

发射装置主要为地下电缆路径检测系统提供信号源，其内部包含多种频率的信号源，可以根据不同的实际环境调整发射的信号频率，输出均为正弦波。注入频率是否适合待测电缆将直接影响检测结果。若工作频率过高，频率信号就会很快衰减，对于埋深较深、距离较远的电缆，受环境干扰大，很难准确检测到电缆的具体位置和埋深情况[11]；相反，若注入的信号频率过低，对于有接头的电缆的检测准确度会很低。对于地埋电缆而言，注入频率的影响因素主要是土壤的性质。为了减少频率对于电缆电磁信号的影响，需要对频率加限制条件：

$$f \leqslant \frac{\mu_g \sigma_g \pi (3 \times 10^8)^2}{\sqrt{\varepsilon_{rg} \{ \varepsilon_{rg} + \mu_g \varepsilon_g [2\pi(3 \times 10^8)]^2 \}}} \tag{10-12}$$

式中，μ_g 为土壤磁导率；σ_g 为土壤电导率；ε_{rg} 为大地相对介电常数；ε_g 为土壤介电常数。

将频率搜索范围加以条件限制，防止频率干扰影响对地下电缆电磁信号的实时获取，后期在软件设计上将限制条件输入程序代码，自动生成算法，使探测装置在待测电缆周围根据环境属性自动发射待测电缆响应的最佳频率，使电磁场信号测量具有实时性和方便性。根据电缆的阻抗特性，将电缆按照运行方式的不同划分为两类：电流导通状态下的电缆和不带电工作的电缆。根据待测电缆的运行状态的不同，电缆路径识别注入方式分为电流耦合和电感耦合两种方式。

1）电流耦合方式

电流耦合方式又称为直连方式，主要应用于不带电电缆的信号感知。随着城市改建和电力网络的更新换代，很多老旧、性能差的电力电缆被新电缆取代，却还埋在地下，占用了宝贵的地下资源，急需探测到并将其挖出；有些电缆出现故障不工作，也急需被维修人员探测到，并加以维修护理。这种情况下就可以应用电流耦合方式进行信号检测。这种信号注入方法将信号发生器的一端接地，另一端接到不带电的被测电缆的一根芯线上，芯线的另一端接地，从而将一定频率的信号直接加到被测电缆上。这种接线方式将信号发生器中的信号电流从待测电缆的芯线注入而从大地返回。这种信号注入方式接收到的频率信号强，探测深度和位置定向的准确度高，易分辨间距不大的相邻电缆。

2）电感耦合方式

电感耦合方式又称为间接耦合方式，顾名思义，就是可以不直接接触待测电缆即可注入频率信号的方式。这种耦合方式使用的情况较多，为主要耦合方式。因为现实生活中所需检测的大多数是运行状态下的电力电缆，电感耦合方式可以在不破坏道路建筑设施，同时又不需要直接接触待测电缆的情况下进行检测，非常适用于不允许停电的情况下，在城市道路施工前探知地下管线的需求。这种信号注入方法将发射机输出端的输出线绕在通电线圈周围，通过耦合线圈向电缆发射信号，电缆可视为电感，产生感生电动势和感生电流，通过电缆向周围发射电磁感应信号。这种信号注入方式接收到的频率信号强，探测深度和位置定向的准确度高，测量距离一般在 1km 以内。

10.3.2　接收信号的场强处理

可通过注入信号的不同耦合方式，在待测电缆周围产生交变的电磁场，利用接收线圈在地面上接收磁场信号，根据磁场强度的变化量确定电缆所在方位及走势。同时利用检测线圈中产生的感应电动势变化量，根据公式推导得出地下电缆的埋藏深度。

这里研究的电缆路径检测系统具有峰值模式（应用极大值法）和谷值模式（应用极小值法）两种检测模式可供选择，在检测方式的选择上应首先选择峰值模式进行地下电缆的路径检测。峰值模式下磁场幅度大且宽，可以判断出电缆与操作者的相对位置，并能指示出操作者应该移动的方向，容易发现电缆，通过音频的变化量相对移动位置，音频最大值处对应的位置即埋地电缆所在的大致方位。随后选择谷值模式进行检测，谷值模式具有罗盘指示功能，可以判断出操作者与电缆的偏转方向，并及时提示操作者修正自己的方向，定位准确度高。所以可用峰值模式法大致确定电缆的方位走向，再用谷值模式法修正具体方向，进行精确定位。峰值模式下探测线圈的磁场强度变化趋势和谷值模式下探测线圈磁场强度变化趋势如图 10-6 所示。

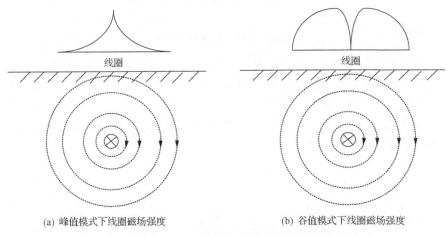

(a) 峰值模式下线圈磁场强度　　　　　　(b) 谷值模式下线圈磁场强度

图 10-6　峰值模式和谷值模式下线圈磁场强度变化示意图

　　在谷值模式下，地下电缆路径检测系统还应具有罗盘方位指示的功能，通过各个线圈所接收的磁场强度的强弱来进行定位，从而确定地下电缆的位置，其中罗盘方向的箭头以 45°为单位旋转指向电缆的位置。线圈中接收到的磁场强度的大小将通过系统内置的扬声器中的音频大小进行反馈，指示操作人员对埋地电缆的路径走势和具体埋深进行检测，对音频的最大值或最小值所在的位置进行准确判断。

10.4　传输线法计算电缆的交变电流

　　在电磁场与电缆耦合的大部分问题中，电缆可作为传输线处理。其中敷设在地下并带有绝缘外皮的电缆与电缆周围的土壤构成了同轴传输线。应用传输线理论，通过土壤中绝缘导线系统的单位长度传输线表征，建立二端口网络等效模型，如图 10-7 所示。

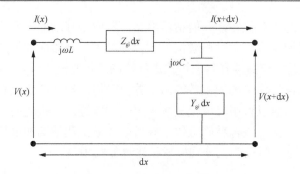

图 10-7　地下电缆二端口网络等效模型

Z_{gi} 为串联阻抗；Y_{gi} 为并联导纳

将地下电缆等效成传输线，建立二端口网络等效模型。对于传输线的信号波形，忽略杂质影响近似看成正弦波，利用频变线参数有效处理接收到的信号，将各个频率分量的传输特性重新整合得到时域合成信号。对于埋地电缆，绝缘层的介电常数会另外对导线总串联阻抗和并联导纳造成一定影响。若忽略影响，则建立传输线方程如下：

$$\frac{\mathrm{d}V(x,\mathrm{j}\omega)}{\mathrm{d}x} = -(\mathrm{j}\omega L + Z_{gi})I(x,\mathrm{j}\omega) \tag{10-13}$$

$$\frac{\mathrm{d}I(x,\mathrm{j}\omega)}{\mathrm{d}x} = -\mathrm{j}\omega\left(\frac{CY_{gi}}{\mathrm{j}\omega C + Y_{gi}}\right)I(x,\mathrm{j}\omega) \tag{10-14}$$

$$L = \frac{\mu_0}{2\pi}\ln\left(\frac{b}{a}\right) \tag{10-15}$$

$$C = \frac{2\pi\varepsilon_{in}}{\ln(b/a)} \tag{10-16}$$

得到电流波方程如下：

$$\frac{\mathrm{d}I(x,\mathrm{j}\omega)}{\mathrm{d}x} = -(\mathrm{j}\omega C + Y_{gi}^{P})V(x,\mathrm{j}\omega) \tag{10-17}$$

$$Y_{gi}^{P} = \frac{(\mathrm{j}\omega C)^2}{\mathrm{j}\omega C + Y_{gi}} \tag{10-18}$$

$$Y_{gi} = \frac{\gamma}{Z_{gi}} = \frac{C^2 Z_{gi}}{\dfrac{C Z_{gi}}{\mathrm{j}\omega} + \dfrac{\mu_0 \sigma_g}{\mathrm{j}\omega} + \mu_0 \varepsilon_g} \tag{10-19}$$

式中，γ 为传输常数。

单位长度的阻抗 Z 由大地内阻抗 Z_g、电缆内阻抗 Z_l 及由绝缘层所决定的感抗 $j\omega L$ 三部分组成。在与地下电缆有联系的很多实际情况中，为了计算阻抗 Z，可采用近似公式：

$$Z \approx \frac{\omega\mu_0}{8} + j\omega\frac{\mu_0}{2\pi}\lg\frac{0.794\delta}{a} \tag{10-20}$$

式中，δ 为穿透深度。

对于土壤中某一深度的电缆，电流的返回通路只能在土壤中，但可能由于电缆上传播信号的频率不同而分布在不同的土壤深度中，称为穿透深度：

$$\delta = \frac{1}{\omega\sqrt{\dfrac{\mu_0\varepsilon_g}{2}\left[\sqrt{1+\left(\dfrac{\sigma_g}{\omega\varepsilon_g}\right)^2}-1\right]}} \tag{10-21}$$

$$\gamma = \sqrt{j\omega\mu_0(\sigma+j\omega\varepsilon)} \tag{10-22}$$

则地下场可近似表示为

$$E(d) = E_{ind}\sqrt{\frac{j\omega\varepsilon_0}{\sigma}}e^{-(1+j)d/\delta} \tag{10-23}$$

埋地深度为 d 处的电场的相位是以地面处 $(x=0)$ 的相位为零为基准进行计算的。由于埋地深度 d 比穿透深度 δ 小得多，式(10-23)可进一步简化为 $e^{-d/\delta} \approx 1$。

令 $Z_0 = \sqrt{Z/Y}$，则电缆上的感应电流表达式为

$$I_{(z,\omega)} = \frac{E(d)}{Z_0\gamma} \tag{10-24}$$

10.5　双线圈法测定埋地电缆深度

在确定了埋地电缆的精确位置信息后，需要对电缆的埋藏深度进行精确判断，防止在施工过程中不清楚埋深而破坏电缆。城市中的电力管线一般埋设在慢车道或人行道内，深度范围一般在 0.7~3m。采用双线圈探测地下电缆埋藏深度，通过磁场中感应电动势的变化量推算地下电缆的埋藏深度。其基本原理是法拉第电磁感应定律，当穿过闭合回路所围面积的磁通量发生变化时，回路

中会引起感应电动势，且此感应电动势和磁通量和时间的负值成正比，即

$$\varepsilon = -\frac{\mathrm{d}\Phi}{\mathrm{d}t} = -\frac{\mathrm{d}}{\mathrm{d}t}\int_S B\mathrm{d}S \qquad (10\text{-}25)$$

式中，Φ 为单个回路中的磁通量。

当回路线圈是 N 匝线圈时，其感应电动势为

$$\varepsilon = -\frac{\mathrm{d}\Phi}{\mathrm{d}t} = -\frac{\mathrm{d}}{\mathrm{d}t}\left(\sum_{i=1}^{N}\Phi\right) \qquad (10\text{-}26)$$

如果定义非保守感应场 E_{ind} 沿闭合路径 l 的积分为 l 中的感应电动势，那么式 (10-26) 可改写为

$$\oint_l E_{\mathrm{ind}}\mathrm{d}l = -\frac{\mathrm{d}\Phi}{\mathrm{d}t} \qquad (10\text{-}27)$$

如果空间同时还存在由静止电荷产生的保守电场 E_{c}，则总电场 E 为两者之和，即 $E=E_{\mathrm{ind}}+E_{\mathrm{c}}$，式 (10-26) 可改写为

$$\oint_l E\mathrm{d}l = -\frac{\mathrm{d}\Phi}{\mathrm{d}t} = -\frac{\mathrm{d}}{\mathrm{d}t}\int_S B\mathrm{d}S = -\int_S \frac{\partial B}{\partial t}\mathrm{d}S \qquad (10\text{-}28)$$

由此可以看出，穿过回路所围 S 的磁通量是由磁感应强度、回路面积的大小和该面积在磁场中的取向三个因素决定的，这三个因素中任意某个因素发生变化，都会引起磁通量值的变化，从而引起感应电动势。双线圈法探测电缆埋藏深度时，主要利用在同一垂直面内相隔一定距离的上下两个线圈在磁场中的感应电动势的变化量来确定具体深度。具体探测原理如图 10-8 所示。

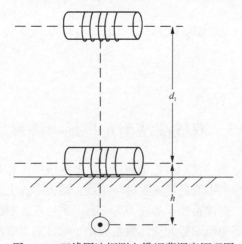

图 10-8　双线圈法探测电缆埋藏深度原理图

　　如图 10-8 所示,假设发射装置向待测埋地电缆中所注入的频率信号的电流大小为 $i = I_0 \mathrm{e}^{j\omega t}$,当处于电缆正上方时,上下两线圈所产生的电动势分别为

$$\varepsilon_{\text{下}} = \frac{\mu_0 I_0}{2\pi h} S\omega \cos(\omega t) \tag{10-29}$$

$$\varepsilon_{\text{上}} = \frac{\mu_0 I_0}{2\pi(d_1 + h)} S\omega \cos(\omega t) \tag{10-30}$$

式中,d_1 为两线圈之间的距离;h 为电缆埋藏的深度。得到比例关系如下:

$$\frac{\varepsilon_{\text{下}}}{\varepsilon_{\text{上}}} = \frac{d_1 + h}{h} \tag{10-31}$$

即得到埋藏深度

$$h = \frac{d_1 \varepsilon_{\text{上}}}{\varepsilon_{\text{下}} - \varepsilon_{\text{上}}} \tag{10-32}$$

　　由此可以看出,通过感应电动势的变化值可以推导出地下电缆的埋藏深度,后续设计过程中可以通过软件编程算法分析代入程序,系统根据检测到的感应电动势的变化值自动生成电缆埋藏深度。

第 11 章　电力电缆路径检测系统的硬件设计

11.1　硬件设计原则及整体功能实现

11.1.1　硬件设计基本原则及方法

在进行系统设计之前，首先要对该系统的发展背景进行调查研究，分析其现有的系统在应用、价格、硬件和软件设计等方面存在哪些弊端，还有地方值得借鉴。在此基础上，根据实际情况，具体问题具体分析，通过对比研究选取最终的设计方案和软件研发手段。另外，还要考虑到系统设计过程中可能遇到的技术难点，尽量克服或避免问题出现，初步制订系统设计的技术路线，后期逐步改进完善。

硬件部分设计的基本原则：安全性和可靠性、较强的抗干扰能力和良好的性价比。

(1)安全性和可靠性：选购设备要考虑的问题很多，安全问题是重中之重。安全可靠的工作环境能够使系统性能稳定、工作可靠。

(2)较强的抗干扰能力：为了使系统能够正常工作，避免不必要的错误发生，必须提高系统的精度。这就要求系统必须采取一定的抗干扰措施。抗干扰措施的完善程度将直接影响系统的精度。完善的抗干扰措施包括正确的接地方式、防止漏电、隔离强电与弱电、屏蔽电磁干扰等。

(3)良好的性价比：在设计硬件系统的各部分模块时，要选择能适合系统整体运行要求且能互相匹配的高性能元器件。在满足系统所需功能的情况下，应该选择性价比最高的元器件，达到利益最大化。这是我国自主研发的系统与国外产品竞争的一个重要优势。

系统硬件部分的核心模块是满足系统运行速率和检测精度的单片机模块，根据所选择的单片机设计出与其匹配的其他模块电路，连接成为一个整体系统后经过调试可以正常按要求运行。采用单片机的硬件设计过程如下：明确硬件设计任务，在硬件正式设计之前，应对所选的相关硬件进行比对了解，掌握硬件系统各组成部分之间的关系(控制关系、时间关系等)，制订细致的设计计划；尽可能做出相关的逻辑图和电路图，这样可以更方便清晰地解释相关构成，在系统设计的过程中需要对相关图纸进行不断改进和完善，最终呈现尽可能完美的逻辑图及电路图；在印制电路板(printed-circuit board, PCB)上按照改进完成的整体电路原理图进行焊接、拼接以及各部分模块电路的组装。组装拼接完成后将对整体系统进行上电调试，通过调试能够发现电路设计中的问题和不足之处，解决问题，完善不足之处。

11.1.2　硬件部分整体功能实现

本书设计的电缆路径检测系统的最终目的是获取地下电缆的敷设路径和埋藏深度及电流等重要信息。硬件部分选用 ARM 单片机 STM32F103CET6 和电磁探测模块组成核心控制系统，应用外挂的全球定位系统(global positioning system，GPS)模块将探测到的电缆路径方位和埋藏深度等信息转化为经纬度坐标形式，并将结果存储在 E^2PROM 里，根据需要在 LCD 上显示或者通过数据采集模块与电脑进行通信，导出数据并对其进行整体分析。

整个系统由 CPU、显示模块、电磁处理模块、预处理模块四大部分组成。其中 CPU 为 ARM 单片机 STM32F103CET6；四个模块分别为预处理模块、输入输出模块(键盘、LCD 和扬声器)、通信模块(E^2PROM、FLASH)以及数据采集模块(电磁处理模块)，四个模块均由 ARM 单片机进行总体控制。控制系统的整体构架如图 11-1 所示。

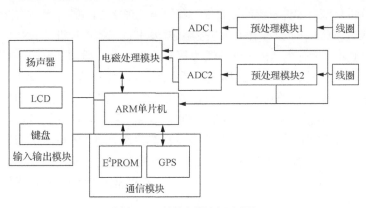

图 11-1　系统硬件原理框图

如图 11-1 所示，ARM 单片机自带的 12 位/16 通道数模转换器将对接收到的频率信号进行数据转换和处理，是整个系统的大脑，起整体控制的作用。输入输出模块包含扬声器、LCD 和键盘三个部分：键盘模块作为输入工具在输入输出模块里帮助操作人员进行功能模式的选择；扬声器模块和 LCD 模块是输出工具，系统将埋地电缆的路径信息的偏移量转换成音频信号通过扬声器模块输出的音量大小对电缆进行方位走势的判定；判定埋地电缆的具体位置后，站在电缆正上方时电缆的埋藏深度将在 LCD 上显示。系统的电磁处理模块通过振荡电路对测量线圈产生激励，进而产生交变磁场，在感应到线缆时，使得磁场产生畸变，需要经过两个模数转换器(analog-to-digital converter，ADC)处理通道进行信号的预处理，将结果反馈给 ARM 单片机。系统的通信模块包含 E²PROM 和 GPS，其中 E²PROM 是信号存储模块，负责将信息存储并进行远端传输；GPS 对电缆位置进行精确定位，并将位置信息转化为经纬度坐标的形式。

11.2　核心控制模块设计

系统以 ARM 单片机作为逻辑控制和数据处理的核心，设计了由信号采集模块、GPS 定位模块、键盘及显示模块等部分组成的硬件系统，完成对埋地电缆的路径及埋藏深度等信号的高速精准采集，并将处理结果在 LCD 呈现，同时应用 E²PROM 进行存储。

11.2.1　系统核心处理器的选取

单片机是整个硬件系统的逻辑控制和数据处理核心，主要负责系统的数据采集和集成电路(integrated circuit，IC)控制等。本书选用的单片机是 ARM 单片机。

ARM 单片机是以 ARM 处理器为核心的一种单片微型计算机，是近年来随着电子设备智能化和网络化程度不断提高而出现的新兴产物。ARM 单片机与传统的 51 系列单片机相比，无论总线结构还是对系统指令操作的处理都更加完善先进，运行速率快、功耗低、性价比高、可接外设种类多，功能性和可靠性总体上较 51 系列单片机都大幅度提高。而且 ARM 单片机用固定长度的指令域，能够使操作编码和控制指令得到最大程度的简化，方便后续的软件编程。在数据处理方面，ARM 单片机拥有 32 位内核处理器，其内部的算术逻辑单元能够同时进行大规模的数据处理，且处理精度高，运行速率极快，能够最大化实现数据吞吐量。

在查阅相关资料进行分析比较之后发现，ARM 单片机具有体积小、能耗小、运行速率快等优良性能，在满足系统设计所需的所有相关条件的基础上还具有性价比高的优势，这对于系统以后能大量投入市场起到关键作用，所以，本书最终决定采用 ARM 单片机作为硬件系统的核心控制系统。

11.2.2　STM32F103CET6 模块设计

系统的核心控制模块选用的是 ARM 单片机 STM32F103CET6。ARM 单片机 STM32F103CET6 的内核选用 32 位的 Cortex™-M3 CPU，最高工作频率为 36MHz，完全满足系统探测信号的工作频率要求，其运行速率在存储器的等待周期访问时可达 1.25DMips/MHz。STM32F103CET6 具有从 256KB 至 512KB 的闪存程序存储器，高达 48KB 的 SRAM，支持多种类型的存储器，其具有 LCD 接口，兼容性好，具有多达 112 个快速 I/O 端口向的 I/O 口。除此之外，其还具有 4 个 16 位定时器，每个定时器有多达 4 个用于输入捕获/输出比较/PWM 或脉冲计数的通道。

ARM 单片机 STM32F103CET6 作为城市地下电缆路径检测系统的控制核心，负责系统的信号采集、转换处理、计算分析、存储控制等一系列整体协调工作。其整体设计电路如图 11-2 所示。

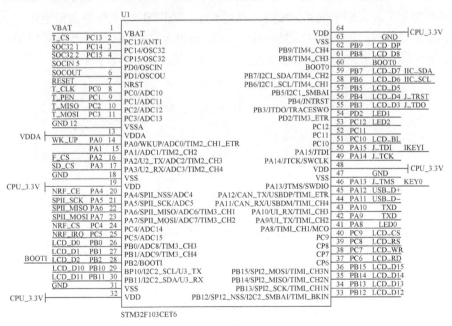

图 11-2　ARM 单片机设计原理图

11.3　电磁处理模块电路设计

电磁处理模块是系统硬件设计中非常重要的数据信号处理模块，当模块工作时脉冲对线圈产生固定励磁，当感应到电缆磁场发生变化时，比较电路以及脉冲间隔后驱动扬声器发声，但是为了提高仪器对周围复杂环境的抗干扰能力，应进一步提升系统检测的灵敏度和精准度，输入信号为可控范围内的频率信号，一般为 50Hz～100kHz。此处通过调节旋钮调节信号发生的频率；同时调节地平衡及感应强度等调节参数，将这些输入信号在输出驱动扬声器工作时变成幅度随着输入信号变化的固定频率的信号输出。同时 ARM 利用自身 ADC 对相关波形进行采样，加入计算后通过薄膜晶体管(thin film transistor, TFT) 显示屏进行显示，并通过 GPS 记录当前经纬度以及高度、时间等信息，同时存储在 ARM 系统中的 E^2PROM 中进行数据的记录备份。

11.3.1　脉冲激励电路设计

电磁处理模块是基于脉冲法进行设计的，脉冲激励电路通过调节 PPS 的电位器调节旋钮控制高稳定控制器 LM556 的振荡频率来调节脉冲宽度。振荡电路产生一个固定频率的脉冲信号，通过调节 DEPTH 的电位器调节旋钮控制 VT1 的导通时间，以测量线圈加电的时间；脉冲激励电路是电磁处理模块最基础的单元，也是测量采集最根本的构成部分，其整体电路设计如图 11-3 所示。

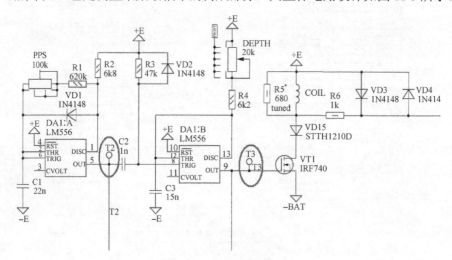

图 11-3　脉冲激励电路

11.3.2　地平衡处理电路设计

地平衡处理电路即预处理电路。预处理电路的主要作用是提取从电缆的磁场变化中反馈的有效频率信号，过滤掉来自环境等其他方面的干扰信号，将有效的频率信号进行调节使其成为能够满足后续电路处理要求的信号。城市地下电缆路径检测系统在采集磁场信号时，地磁场的电磁干扰信号将对有效信号进行干扰，削弱其有效信号的传输，为了保证接收信号的准确性和有效性，采用低通滤波器(low-pass fliter，LPF)滤除接收频率信号中的干扰频率信号，设定其的截止频率取为 10kHz。图 11-4 为三级 RC 低通滤波器的仿真电路。

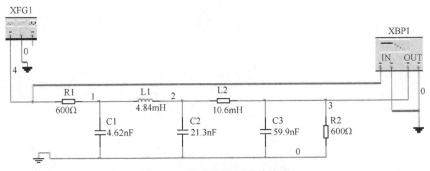

图 11-4　低通滤波器仿真电路

待测电缆分为带电导通状态和不运行状态，电缆路径检测系统要检测到两种不同的运行状态。预处理电路要包含两个通道，对不同状态下的待测电缆进行分类处理。在待测电缆处于未通电状态时，注入信号的频率将自动设定为 1000Hz；在待测电缆处于带电导通状态时，注入信号的频率随电缆频率而定。低通滤波器能够有效过滤掉环境中的电磁干扰信号，提高发射信号和接收信号的传输效率。

11.3.3　电磁信号处理电路设计

电磁信号处理电路将探测线圈中的频率信号转化为磁感应强度信号，测量线圈通电后靠近地下电缆，使地下电缆周围磁场分布发生变化，线圈越靠近地下电缆，电缆的磁场强度变化越大，同时感应电动势的值也发生了变化，通过感应电动势的变化量计算电缆的埋藏深度。其具体原理设计如图 11-5 所示。

11.3.4　复位预警电路设计

复位预警电路作为最后的输出指示以及清零电路在整个系统中占据重要位置，通过信号处理电路的累加以及比较后送给触发器触发蜂鸣器报警，通过调节 T/HOLD 电位器旋钮调节报警声音的大小，同时复位电路在不需要对已产生信号进行处理时对电压信号进行放电，使得电路回归到原始状态，按下 RESET 按钮对测量电路进行复位操作。具体电路实现如图 11-6 所示。

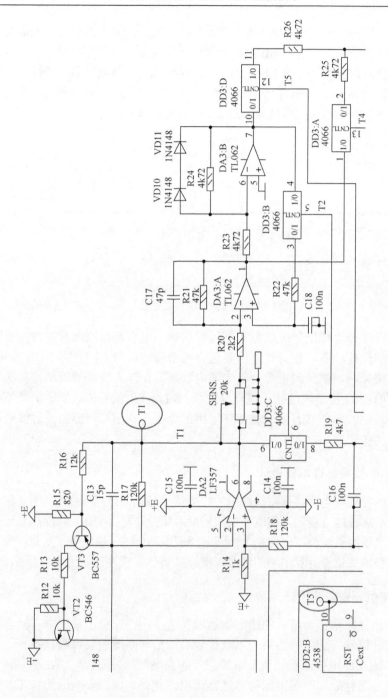

图 11-5　电磁信号处理电路

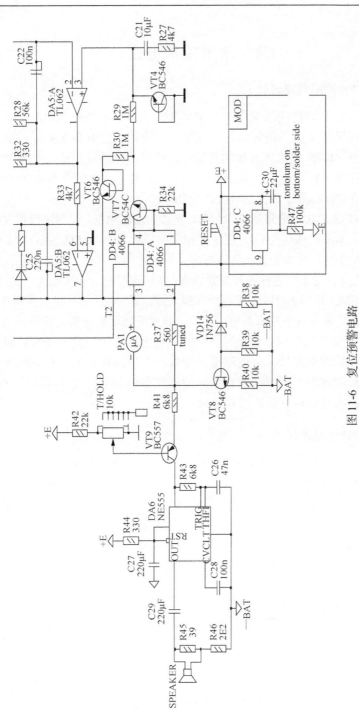

图 11-6　复位预警电路

11.4　通信模块电路设计

11.4.1　GPS 控制电路设计

　　GPS 控制电路作为系统中的通信模块,具有重要的辅助功能。系统在检测模式下对地下电缆的位置和埋藏深度进行检测,这时系统将通过单片机模块发出指令,GPS 模块将对检测到的路径信息进行精准定位,并将位置数据转换为经纬度坐标形式,在显示界面显示,同时将数据转存至 E^2PROM 中,以备后期在 PC 端导出数据进行处理分析。

　　选择 GPS 模块时通常从技术参数、支持的通信协议、控制接口和成本几个方面考虑。本系统选用的 GPS 卫星数据采集模块为 U-BLOX NEO-6M 型 GPS 模块,体积小巧,性能优异;模块增加了放大电路,有利于无缘陶瓷天线快速搜星;模块可通过串口进行各种参数设置,并可保存在 E^2PROM 中,使用方便;模块自带 SMA 接口,可以连接各种有源天线,适应能力强;模块兼容 3.3V/5V 电平,方便连接各种单片机系统;模块自带可充电后备电池,续航能力强。

　　GPS 模块在城市地下电缆路径检测系统中的作用主要是将检测到的具体路径位置和埋深信息转化为地理坐标形式,方便操作人员直观清晰地明确电缆具体位置的埋深,同时以数据坐标的形式存储并上传至计算机后方便技术人员对数据信息进行直接处理和分析。

11.4.2　存储电路设计

　　存储器在嵌入式系统中的应用十分普遍,主要用于系统参数、测量参数等的存储,本系统中用来存储 GPS 定位的相关数据信息及电缆的深度以及位置信息。本系统中采用市场主流的两种类型的存储器,一片采用 Winbond 公司的 SPI 型 FLASH,内存大小为 16MB,一片采用 Atmel 公司的基于 IIC 总线的 E^2PROM,内存大小为 2KB,其具体引脚图分别如图 11-7 和图 11-8 所示。

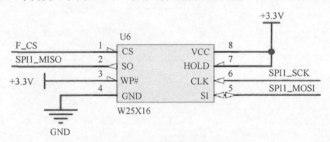

图 11-7　FLASH 模块引脚图

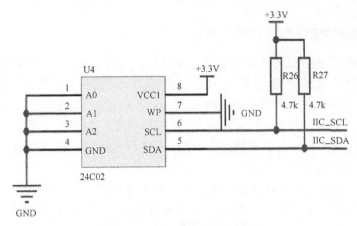

图 11-8　E²PROM 模块引脚图

11.5　输入输出模块电路设计

11.5.1　扬声器电路设计

系统在检测电缆路径过程中主要通过装置的音频大小指示操作者移动，确定电缆的路径轨迹。扬声器音量的大小表示操作者和电缆的相对位置，并随着仪器和电缆间距离的变化而变化。扬声器装置选用一个 5V 的有源蜂鸣器，通过 PNP 三极管的开关作用，用单片机 I/O 口控制电路的通断，从而控制蜂鸣器的音频音量，当系统检测到反馈回来的频率信号时发出提示音。其电路图如图 11-9 所示。

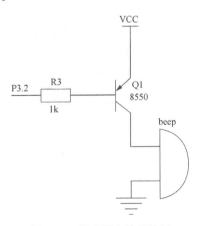

图 11-9　扬声器电路接线图

11.5.2　键盘接口及指示灯电路设计

键盘接口的设计是人机信息交互中信息输入的重要部分。矩阵键盘体积大、引脚多、控制麻烦，同时占用单片机 I/O 口资源多。因为本系统用到的按键输入较少，占用的通用输入/输出 (general purpose input output，GPIO) 接口资源不多，可以直接连接到 ARM 单片机的 GPIO 接口上，使得硬件接口的处理更为简单。指示灯对系统运行工作状态进行指示，也直接连接到 ARM 单片机的 GPIO 接口上，硬件接口设计简单，直接使用 GPIO 接口驱动指示灯。键盘接口电路如图 11-10 所示，键盘指示灯电路如图 11-11 所示。

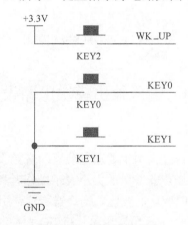

图 11-10　键盘接口电路

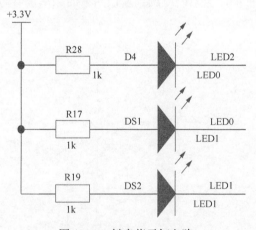

图 11-11　键盘指示灯电路

11.5.3　LCD 电路设计

　　LCD 模块是人机接口单元中的重要模块，系统采用 2.4 寸 TFT 电阻式显示屏提供人机交互界面，显示屏采用并口驱动方式，ARM 单片机通过电磁处理模块产生的信号经处理计算后送给显示器显示电缆深度以及位置偏移量。具体原理如图 11-12 所示。

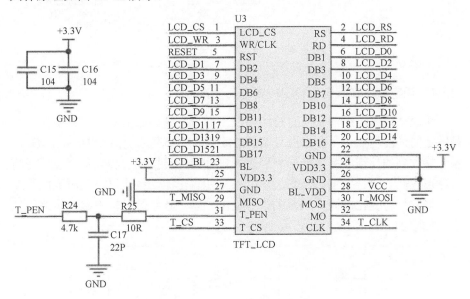

图 11-12　TFT-LCD 电路引脚图

11.6　其他辅助电路设计

11.6.1　电源电路设计

　　ARM 单片机电源系统采用直流 5V 供电，整个系统中只包含 5V、3.3V 两种规格电源；对于 5V 电源，由于现实生活中使用 5V 规格的电源很多，如手机充电器、MP3 充电器等各种充电器大多采用 5V 电源输出。本系统中对 5V 电源不进行设计，只进行 3.3V 电源的设计工作，3.3V 电源由 5V 电源通过低压差线性稳定器(low dropout regulator, LDO)芯片转出 3.3V 电源。为了保护 LDO 电源，在 5V 电源输入处串联一个可恢复电阻丝，将最大电流限制在 0.5A。设计原理如图 11-13 所示。

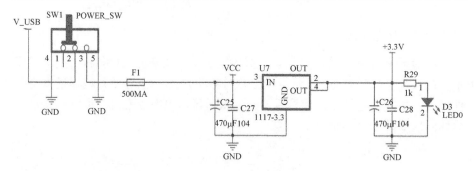

图 11-13　电源电路图

11.6.2　固定频率音频信号输出控制电路设计

　　系统在检测电缆前要先对待测电缆发射一定频率的信号，该频率信号不是固定的，而是在一定范围内可以任意改变的，频率范围为 50Hz~100kHz，系统接收到的反馈频率信号必须经过一定处理，转换成一种人耳可以接受的音频形式[12]。因此，必须将这些输入信号在输出驱动扬声器工作时变成幅度随着输入信号变化的固定频率的信号输出。固定频率信号输出控制电路原理框图如图 11-14 所示。

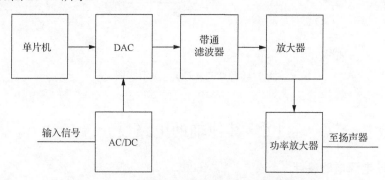

图 11-14　固定频率信号输出控制电路原理框图

　　在图 11-14 所示的固定频率信号输出控制电路原理框图中可以看出，ARM 单片机 STM32F103CET6 将按照一定频率输出自身存储的数据波形，然后经过数模转换器(digital-to-analog converter，DAC)后将离散的正弦信号转换为模拟信号。不同频率的输入信号经过 AC/DC 转换成直流信号后作为DAC 的参考电压，进而使 DAC 输出信号幅度随着输入信号幅度的变化而变化。DAC 输出的信号经过带通滤波器将其中不必要的频率成分滤除后经过放大器和功率放大器后直接驱动扬声器工作。

11.6.3　时钟及复位电路设计

　　系统时钟由主时钟以及辅助时钟组成，时钟为 CPU 运行提供时基，相当于人的心脏的功能，主时钟采用 8MHz 的无源振荡晶体，辅助时钟采用手表晶振 32.768kHz 的无源晶体；主时钟在系统全速运行时提供时间基准。辅助晶体是低功耗模式的时钟，还有定时作用。复位电路保证系统在运行前可以保持一个确定的状态。时钟及复位电路设计原理图如图 11-15 所示。

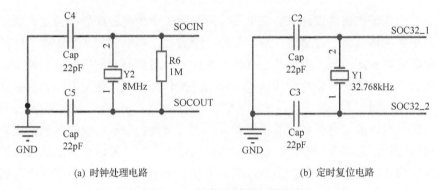

(a) 时钟处理电路　　　　　　　　(b) 定时复位电路

图 11-15　时钟及复位电路设计

第12章 电力电缆路径检测系统的软件设计

12.1 软件设计原则及整体功能实现

12.1.1 软件设计基本原则及方法

结构合理在软件设计中非常重要。可以将一个大的程序划分为几大类，然后顺着整体脉络层层渗透，细致到每一个方面，精准到每一个步骤。这样可以随时对程序的某一个环节进行扩充或完善，后期整合程序时，也便于对其进行修改和维护。软件设计的基本原则是操作性能好、使用方便、具备良好的人机界面。

软件设计前要进行详细的模块划分，主要分为控制核心模块和辅助模块来进行设计，先局部后整体。在设计软件的过程中，还要注意的是软件应该具备容错功能和相应的保护措施。除此之外，一个完整的软件系统还应具备状态检测和诊断程序，可以定期进行自我检测更新，通过设置固定的存储周期将系统检测到的数据进行整合上传至 PC 终端，防止因发生故障或断电等情况造成数据的丢失。系统的核心控制模块的程序设计主要包含 ARM 单片机与通用异步接收发送设备(universal asynchronous receiver/transmitter，UART)通信模块设计、多通道数据采集程序设计、电缆埋藏深度和电流检测模块设计三个主要部分；辅助模块设计主要分为 FLASH 读写程序设计和 TFT 液晶显示界面设计。

12.1.2 软件系统的整体功能实现

在开机后系统应进行整体的初始化模块自检，ARM 单片机 STM32F103C ET6 开始对反馈接收到的频率信号进行模数转换；通过对电磁处理模块的信号采集和处理，在结束一个采样周期后，由单片机完成数据分析，得到并显示测量点的磁场强度，同时根据磁场强度的变化量判断其出现峰值或谷值时的极值点，扬声器将磁场强度的大小反映在音频音量的大小上。单片机采用定时器方式实现模数转换、场强过限报警及数值显示，程序不断地循环实现不间断测量。系统的 E²PROM 和 FLASH 存储模块对检测到的数据信息进行采集和存储，通过输出模块传输到远程 PC 终端上，以便后续的数据处理和分析。

　　电缆路径检测系统的软件设计主要为 ARM 对单片机的程序设计。在程序的设计中，采用模块化思想设计；对 ARM 单片机的程序设计均采用高级语言(C 语言)进行编写。开发环境使用 Keil µVision4-MDK。Keil C 语言是一种操作简单、容易学习的程序语言。Keil C 语言与汇编语言相比在功能、结构、可读性及后期维护方面都具有明显的优势。在系统研发过程中软件开发与硬件开发的应用同样重要，一个系统的成功与否，软件方面的设计至关重要。汇编语言源程序执行机器代码时分为手动编译和机器编译两种方法，但现在已经很少使用手动编译方法，多数情况下的汇编语言都选用机器编译来完成，其主要优点是简单灵活、可移植性强，采用模块化编程的思想非常适合程序的维护和升级。系统软件采用模块化设计，每个部分的程序被编写成独立的模块，这样的设计优点在于：便于独立模块的编写，容易调试；程序移植性好，在需要更换类似功能芯片时程序不需要大的改动；方便对后续功能进行扩展，添加相关程序。

12.2　系统控制核心模块设计

12.2.1　GPS 与 UART 通信模块设计

　　UART 是目前应用最广泛的一种计算机外设的通用串行数据接口，其既可以接收外围设备的串行数据输入，并转换成计算机内部所需的并行数据，也可以把计算机内部的并行数据转换成串行数据，并发送给外围设备。UART 主要由接收器、发送器和控制部分组成，其中接收器和发送器部分都是双缓冲结构[13]。该系统采用 UART 与 GPS 模块进行通信实现设备的定位及经纬度的获取等。GPS 模块的主要作用是将系统接收到的频率信号转化为地理坐标形式，便于操作者寻找到电缆的具体方位，也便于后期对数据信息的处理分析。GPS 与 UART 通信模块程序框图如图 12-1 所示。

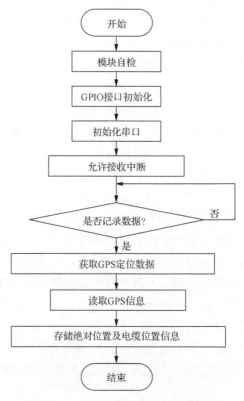

图 12-1　GPS 与 UART 通信程序框图

12.2.2　多通道数据采集程序设计

　　该系统的多通道数据采集模块使用 ARM 单片机内部自带的 12 位 ADC，本系统中有两路信号采集通道，分别为峰值模式信号采集通道和谷值模式信号采集通道。信号通过 ARM 单片机之后，将频率信号转换为数字信号，代入提前编写好的公式程序中进行计算，将计算后得到的结果数据送给显示屏进行显示。其中 ADC1 数据采集通道负责对峰值模式下的数据进行采集处理，ADC2 数据采集通道负责对谷值模式下的数据进行采集处理。系统通过 ADC1 数据采集通道将峰值模式下的电缆位置转化为数据参数输出到 ADC2 数据采集通道，进行谷值模式下的电缆方位精确定位，以数据和音频双重方式对信号进行输出。ADC 数据采集部分程序框图如图 12-2 所示。

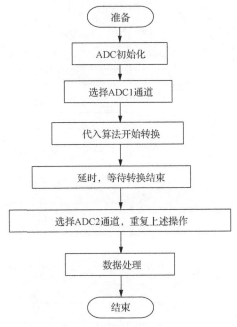

图 12-2　ADC 数据采集部分程序框图

12.2.3　电缆埋藏深度和电流检测模块设计

在峰值模式下判断出地下电缆的大致方位，对电缆进行基本定位后应用谷值模式进行精准定位。在对电缆的位置进行准确定位后，保持不动，随后打开埋藏深度和电流检测模式。埋藏深度和电流的检测是在谷值模式下进行的，该功能主要由单片机内部的 ADC 来实现，系统通过 ADC 的相互转换，进行数据处理后，将电动势变化值及各项已知参数代入公式得到地下电缆的埋藏深度，将频率信号电流代入传输线方程计算后得到地下电缆的交变电流。电缆埋藏深度和电流检测模块设计框图如图 12-3 所示。

从图 12-3 中可以看出，当系统处于峰值模式时，通过控制电子开关将其中一个线圈中感应到的频率信号接入 ARM 单片机中的 ADC1 通道；当系统处于谷值模式时，另一个线圈感应的信号接入 ADC2 通道，两个频率输入信号各经 ADC 以后送入 ADC 的数据寄存器，然后对两者的信号进行数据转换并代入公式进行计算，根据感应电动势的变化量得出电缆埋藏的深度，与此同时，根据接入信号的频率和电流变化值，应用传输线原理相关公式计算出电缆中交变电流的大小。

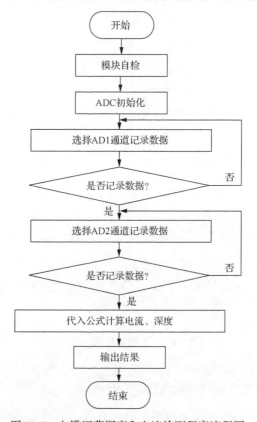

图 12-3 电缆埋藏深度和电流检测程序流程图

12.3 辅助模块设计

12.3.1 FLASH 读写程序设计

FLASH 作为系统的主要存储模块，其作用是将检测到的电缆位置和埋藏深度等重要参数转化为坐标数据形式存储在系统中。在对 FLASH 模块进行读写程序的设计时，系统在对 ARM 单片机对应端口及 SPI 进行初始化之后，将读取 FLASH 中存储的标志位信息，此时应当判断当前 FLASH 中是否已经存在电缆位置的相关数据，若已存在电缆位置的相关信息参数，则系统将显示数据已经存在，按照指示将新读取的数据追加在已有数据地址的末端；若系统提示数据标志位并不存在，则说明系统中的 FLASH 模块中未采集到电缆位置信息，系统在 FLASH 中新建标志位，将新读取到的电缆位置信息放入其中。

　　FLASH 读入程序的编写需要依据 ARM 单片机读取到的电缆位置信息的标志位数据进行控制指令的循环操作。程序将判断 ARM 单片机是否读取到有关电缆的位置信息，若系统显示标志位数据存在，并且读取地址不超过标志位地址，系统会将读取到的电缆位置信息的相关数据导入单片机相关控制位；若程序显示数据标志位不存在，则表明 FLASH 中并没有电缆位置的相关位置信息，将直接报错给单片机，重复上一步操作指令。图 12-4 为 FLASH 的读写程序的流程图。

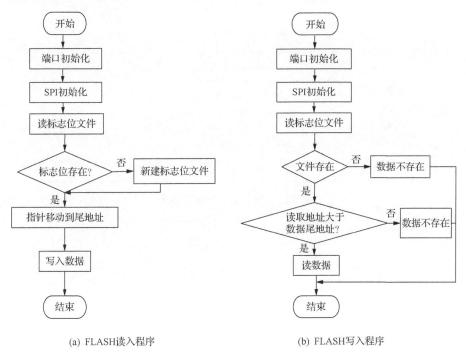

(a) FLASH读入程序　　　　　　　　　　(b) FLASH写入程序

图 12-4　FLASH 读写程序的流程图

12.3.2　液晶显示界面设计

　　系统的液晶显示界面作为系统的输出模块，在系统的整体操作及应用中具有重要作用，是最能直观地将信息反映给操作人员的工具。操作人员在检测现场进行开机操作，系统将出现开机界面及功能选择模式，首先进入频率搜索模式，系统将根据现场的实际环境自动生成搜索频率，操作人员将看到显示界面出现已生成的搜索频率及频率数值，接着打开峰值搜索模式，显示界面将指示操作人员打开音频按钮根据音频大小进行移动，在音频最大值处将模式切换到谷值搜索模式，重复上述操作至音频最小值处，所在位置即电缆具体位置。随后打开埋藏深度和电流检测模式，系统将根据内置算法计算得到电缆的埋藏深度和交变电流，将计算结果显示在液晶显示界面上。液晶显示界面框架图如图 12-5 所示。

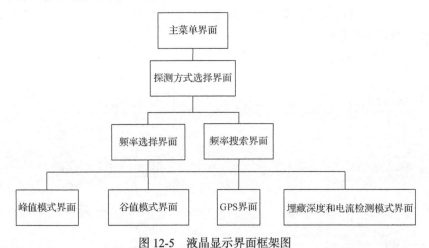

图 12-5　液晶显示界面框架图

第13章 系统的组装调试及现场实测

13.1 系统组装调试

对系统进行拼接组装的过程中，难免会出现各种各样的问题，例如，选择不兼容、不匹配的元器件；在电路板设计时画错连接线；焊点的焊接不够牢固等未知错误。遇到这类问题时，应对系统各部分电路板进行分块调试，在确保各模块没有任何问题的情况下，将各部分模块组装成整体系统，并对整体系统进行调试。在系统拼接组装的过程中，首先要对 PCB 进行检查，确定是否存在短路或断路的情况，检查外接负载的阻值是否满足线路要求等；在确认 PCB 没有问题后，按照设计的电路图依次焊接元器件，先对电源模块中的独立部分进行焊接，在每一部分焊接完成后对其进行调试，观察有无正负端接反等错误出现，及时确定故障范围纠错排查。每当组装焊接完一个模块就要进行一次调试，确保各部分之间不存在焊接故障，能完成各模块的输出信号功能。在完成系统各模块的拼接组装后，需要将所有模块组合成一个完整的系统，对整体系统进行通电调试。系统组装图及上电调试结果如图 13-1 所示。

 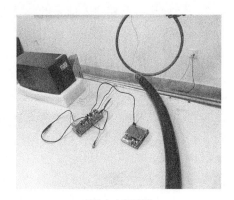

(a) 系统组装图   (b) 系统上电调试图

图 13-1 系统组装及上电调试

13.2　不同工况下的系统现场实测及数据结果比对

系统组装拼接并经过系统整体调试后，对系统进行现场实测。现场实测就是要使试验尽可能与电缆实际敷设的环境等同，相似程度越高，系统检测数据所反映的数据越真实[14]。通过查阅文献资料可知，城市道路下的直埋电力电缆大都为 10kV 的电缆，其埋藏深度一般为距地面 0.7～1m，敷设在电缆沟内的电缆的埋深一般不会超过 3m。设计的电缆路径检测系统理论上完全满足对地下电缆的埋藏深度检测要求。

此外，城市中电力电缆的敷设环境大致分为以下几种：①直埋于土壤植被下，且每隔一定间隔竖有电缆桩；②埋藏在城市道路地下，上面附有钢筋混凝土等城市道路设施；③敷设于变电站电缆沟内，上面附有混凝土钢板，埋深相对较深。系统对上述三种不同工况下的埋地电缆分别进行了现场实测，并对实测后的结果进行了分析归纳。

13.2.1　直埋于土壤植被下的电缆路径现场实测

为模拟城市地下电缆辐射的实际环境，将一根长约 1m 的没有通电的电缆放置在埋深 1m 的地下，电缆上方按照实际环境覆盖有土壤、石块及其他杂质。将本书设计的城市地下电缆路径检测装置通电，在该区域附近进行路径检测。电力电缆的运行状态分为带电导通状态和不带电状态，系统将根据电缆的运行状态调整注入信号的耦合方式，发射不同频率的信号。

本试验由于条件限制，选用的待测电缆没有通电，为检测电缆的路径走向，需要利用发射机根据现场情况向电力电缆注入特定频率的交流信号，以便接收机在地面能接收到磁感应信号。考虑到工频磁场的干扰等因素的影响，系统的信号搜索自动调整为频率为 1000Hz、大小为 3A 的交流信号。在装置移动过程中，打开峰值模式搜索功能，在该模式下装置发出不同音量的音频信号，根据音频信号移动探测方位，找到音频音量最大值所在的方位。随后将装置调节到谷值模式，通过音频音量进行细微方位的调整，最后定位在音频音量最小的位置。站定不动，接着在装置中打开埋藏深度检测模式，将线圈置于所在方位的正上方 3～5s 后测得电缆的埋藏深度。表 13-1 给出的是按照此方式反复检测 20 次的检测结果与地下电缆实际位置和埋藏深度的偏移量数据。

表 13-1　**检测装置现场检测试验数据统计表**（直埋于土壤植被下）

检测试验编号	电缆水平位置偏移量/m	电缆埋藏深度偏移量/m
1	+0.08	−0.02
2	+0.09	−0.12
3	+0.08	+0.13
4	−0.12	+0.02
5	−0.18	−0.12
6	+0.13	+0.12
7	−0.06	+0.18
8	−0.13	−0.06
9	+0.11	−0.13
10	−0.16	+0.03
11	+0.16	−0.02
12	−0.09	−0.07
13	+0.03	+0.11
14	−0.11	−0.08
15	−0.08	−0.13
16	+0.03	+0.06
17	+0.07	−0.12
18	−0.06	+0.13
19	+0.09	−0.08
20	−0.15	+0.12

表 13-1 中电缆位置的偏移量规定：检测到的电缆水平位置与实际电缆水平位置相比向左偏移记为"−"，向右偏移记为"+"；检测到的电缆埋藏深度与实际电缆埋藏深度相比，检测埋藏深度小于实际埋藏深度记为"−"，检测埋藏深度大于实际埋藏深度记为"+"。对上述 20 组数据进行处理和误差概率分析，并为方便直观地显示出检测装置探测得到的电缆水平位置及埋藏深度与电缆实际水平位置以及埋藏深度的偏移关系，这里绘制了水平位置偏移量和埋藏深度偏移量的离散数据图，如图 13-2 所示。

通过误差分析计算得到检测装置的水平位置的偏差在 ±0.2m 范围内，埋藏深度的偏差在 ±0.2m 范围内，满足系统对于检测精度的要求，后续将通过计算机汇编语言改进算法，进一步提升系统的检测精度。

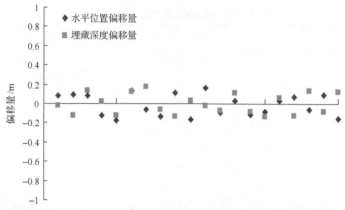

图 13-2　水平位置和埋藏深度偏移量离散图(直埋于土壤植被下)

13.2.2　城市道路设施下的电缆路径现场实测

　　为了完成对城市道路设施下的电缆现场实测，作者联系到了市政相关部门，取得了马路旁人行横道处的一块路面下敷设的电缆方位及埋深数据。本书对长约 3m 的路面进行实测试验，待测电缆上方覆有土壤和水泥方砖，电缆埋藏的实际深度为 0.82m，电缆运行状态为带电导通状态。

　　将设备进行通电调试后，打开频率搜索开关，系统根据实测现场环境将频率自动调整为 1000Hz 后开始检测，在装置移动过程中，打开峰值模式搜索功能，将检测线圈放置在平行地面上方约 0.5m 处缓慢移动，在该模式下装置发出不同音量的音频信号，根据音频信号的大小移动探测方位，找到音频音量最大值所在的方位。随后将装置调节到谷值模式，通过音频音量以及显示界面的罗盘指示修正方向，进行细微方位的调整，最后定位在音频音量最小的位置[15]。站定不动，接着在装置中打开埋藏深度检测模式，将线圈置于所在方位的正上方 3~5s 后测得电缆的埋藏深度。表 13-2 给出的是按照此方式反复检测 20 次的检测结果与地下电缆实际位置和埋藏深度的偏移量数据。

　　表 13-2 中电缆的偏移量规定：检测到的电缆水平位置与实际电缆水平位置相比向左偏移记为"−"，向右偏移记为"+"；检测到的电缆埋藏深度与实际电缆埋藏深度相比，检测埋藏深度小于实际埋藏深度记为"−"，检测埋藏深度大于实际埋藏深度记为"+"。对上述 20 组数据进行数据处理和误差概率分析，并为方便直观地显示出检测装置探测得到的电缆水平位置及埋藏深度与电缆实际水平位置及埋藏深度的偏移关系，下面绘制水平位置偏移量和埋藏深度偏移量的离散数据统计图，如图 13-3 所示。

表 13-2　检测装置现场检测试验数据统计表（埋于城市道路下）

检测试验编号	电缆水平位置偏移量/m	电缆埋藏深度偏移量/m
1	+0.18	−0.02
2	+0.14	−0.12
3	+0.08	+0.13
4	−0.12	+0.02
5	−0.28	−0.18
6	+0.16	+0.22
7	−0.06	+0.18
8	−0.13	−0.20
9	+0.15	−0.19
10	−0.18	+0.03
11	+0.16	−0.24
12	−0.09	−0.07
13	+0.03	+0.11
14	−0.21	−0.08
15	−0.18	−0.13
16	+0.23	+0.06
17	+0.07	−0.12
18	−0.06	+0.13
19	+0.09	−0.08
20	−0.15	+0.16

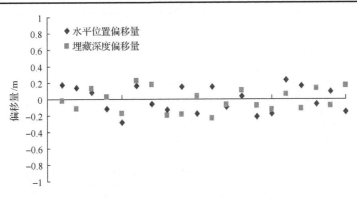

图 13-3　水平位置和埋藏深度偏移量离散图（埋于城市道路下）

通过误差计算得到检测装置的水平位置的偏差在 ±0.21m 范围内，埋藏深度的偏差在 ±0.22m 范围内，满足系统对于检测精度的要求。

13.2.3　电缆沟内的电缆路径现场实测

现场实测选在东北电力大学输变电所内进行。首先打开地下电缆上方的混凝土覆盖板，查看地下电缆的具体敷设位置及埋藏深度，准确记录其位置和深度数据。将装置进行通电调试后，打开频率搜索开关，系统根据实测现场环境将频率调整为 800Hz 后开始检测，在装置移动过程中，打开峰值模式搜索功能，在该模式下装置发出不同音量的音频信号，根据音频信号移动探测方位，找到音频音量最大值所在的方位。随后将装置调节到谷值模式，通过音频音量进行细微的方位调整，最后定位在音频音量最小的位置，系统能够有效检测到埋地电缆的路径走势。确定完待测电缆的路径信息后在该位置站定不动，接着在装置中打开埋藏深度检测模式，将线圈置于所在方位的正上方 3～5s 后测得电缆的埋藏深度。表 13-3 给出的是按照此方式反复检测 20 次的检测结果与地下电缆实际位置和埋藏深度的偏移量数据。

表 13-3　检测装置现场检测试验数据统计表（电缆沟内）

检测试验编号	电缆水平位置偏移量/m	电缆埋藏深度偏移量/m
1	+0.18	−0.12
2	+0.14	−0.12
3	+0.17	+0.13
4	−0.12	+0.20
5	−0.28	−0.18
6	+0.16	+0.22
7	−0.12	+0.18
8	−0.13	−0.20
9	+0.15	−0.19
10	−0.18	+0.13
11	+0.16	−0.24
12	−0.09	−0.07
13	+0.23	+0.11
14	−0.21	−0.08
15	−0.18	−0.13
16	+0.23	+0.16
17	+0.17	−0.12
18	−0.16	+0.13
19	+0.09	−0.08
20	−0.15	+0.16

对于待测电缆位置的偏移量规定：检测到的电缆水平位置与实际电缆水平位置相比向左偏移记为"–"，向右偏移记为"+"；检测到的电缆埋藏深度与实际电缆埋藏深度相比，检测到的埋藏深度小于实际埋深记为"–"，检测到的埋藏深度大于实际埋深记为"+"。

对上述 20 组数据进行处理和误差概率分析，并为方便直观地显示出检测装置探测得到的电缆水平位置及埋藏深度与电缆实际水平位置及埋藏深度的偏移关系，这里绘制水平位置偏移量和埋藏深度偏移量的离散数据统计图，如图 13-4 所示。

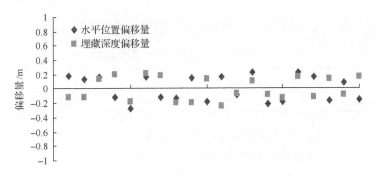

图 13-4　水平位置和埋藏深度偏移量离散图(电缆沟内)

通过计算得到检测装置的水平位置的偏差在 ±0.22m，埋藏深度的偏差在 ±0.2m，满足系统对于检测精度的要求，后续将通过计算机汇编语言改进算法进一步提升系统检测精度。

13.3　整体试验结果综合分析

系统将试验过程中的试验数据经 E²PROM 模块进行存储，输出在 PC 终端上。应用 MATLAB 软件对三组检测数据进行拟合，通过代入磁场强度计算公式，得到装置位于埋藏在地下的电力电缆正上方时出现的最大磁场强度为 $1.63×10^{-2}\mu T$，此时埋地电缆的工频磁场分布如图 13-5 所示。

对于埋藏深度不同的电力电缆，埋藏深度越大，系统捕捉到的磁场信号越弱，检测的水平距离越短，即电缆路径检测装置可检测的范围越小。表 13-4 给出了在电力电缆不同埋藏深度的情况下，检测装置分别检测到的最大水平距离。

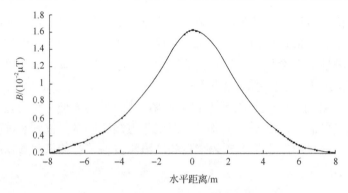

图 13-5　埋地电缆上方工频磁场分布示意图

表 13-4　电缆埋深不同情况下传感器检测情况

信号	埋深 1m	埋深 2m	埋深 3m	埋深 5m	埋深 6m
1000Hz/3A	6m	5.7m	5.3m	3.4m	0.9m

对检测到的地下电缆埋藏深度数据进行误差分析，图 13-6 给出了不同埋藏深度下的水平路径检测偏差示意图。

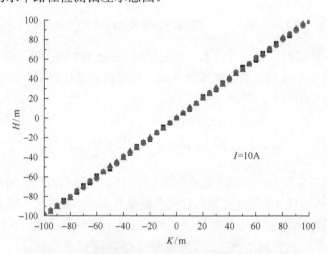

图 13-6　不同埋藏深度 (H) 的路径检测偏差 (K) 示意图

从表 13-4 和图 13-6 可以看出，检测系统对未运行电缆的检测范围随着电力电缆的埋藏深度的增加而变小，在埋藏深度超过 6m 以后，检测装置就几乎检测不到有效的磁场强度信号了。城市中敷设的电力电缆埋藏深度一般在 1m 左右，基本不会超过 6m。对于带电工作状态下的电力电缆，系统将自动发射响应频率的信号，根据反馈回来的频率感应信号直接修正所在方位，进行检测。带电运行的电力电缆在环境中受到的电磁干扰比不带电电缆小一些，所以系统对于带电运行电缆的检测精度相对较高。但是在城市环境下，本书的地下电力电缆路径检测装置能够完全满足检测要求，达到相应的检测精度。

该试验基本确定了本书的城市地下电缆路径检测系统的现场检测具有可行性，其理论方法和软硬件部分的设计均满足预期想法，基本实现了设计的基本要求和预想理念，达到了预期效果。在该试验的基础上，作者还进行了其他实测试验，对敷设在变电所电缆沟内的电力电缆，以及已知地下结构分布的道路地下埋藏的电力电缆都进行了路径和埋深的探测，均能较为准确、直观地检测到地下电力电缆的路径方位信息和埋藏深度信息。具体调试及检测过程由图 13-7 中的一组现场实拍的试验图片呈现。

(a) 现场调试设备图

(b) 检测装置还原电缆的路径走向

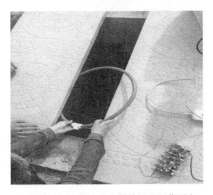
(c) 装置检测电缆沟内电缆位置及埋藏深度

(d) 装置检测草地下埋藏的电缆

图 13-7　现场调试及实测过程

参 考 文 献

[1] 马国栋. 电线电缆载流量[M]. 北京: 中国电力出版社, 2013: 39-40.

[2] 周远翔, 赵健康, 刘睿, 等. 高压/超高压电力电缆关键技术分析及展望[J]. 高电压技术, 2014, 40(9): 2593-2612.

[3] 李超群, 沈培锋, 马宏忠, 等. 多回路土壤直埋高压电缆温度场建模与载流量计算[J]. 高压电器, 2015, 51(10): 63-69.

[4] 于竞哲. 基于有限元法的交流 XLPE 电缆改为直流运行的温度场仿真分析[J]. 电工技术, 2017(7): 28-29.

[5] Orton H. Power cable technology review[J]. High Voltage Engineering, 2015, 41(4): 1057-1067.

[6] 周象贤, 蒋愉宽, 王少华, 等. 直埋电缆长期温升影响因素分析[J]. 高压电器, 2017, 53(10): 178-182.

[7] 赵明浩. 暂稳态电流作用下电缆温度分布研究[D]. 河北: 河北科技大学, 2016: 1-2.

[8] 梁永春. 高压电力电缆载流量数值计算[M]. 北京: 国防工业出版社, 2012: 1-2.

[9] 王有元, 陈仁刚, 陈伟根, 等. 电缆沟敷设方式下电缆载流量计算及其影响因素分析[J]. 电力自动化设备, 2010, 30(11): 24-29.

[10] 张周胜, 张丁鹏. 对流传热系数对沟槽敷设电缆载流量的影响[J]. 上海电力学院学报, 2014, 30(6): 555-558.

[11] Calculation of the current rating of electric cables part 1: Current rating equations and calculation of losses section2: Sheath eddy current loss factor for two circuits in flat formation: IEC60287-1-2[S]. Geneva: IEC Publication, 1993.

[12] Anders G J, Chaaban M, Bedard N, et al.New approach to ampacity evaluation of cables in ducts using finite element technique[J]. IEEE Transactions on Power Delivery, 2010, 285(4): 969-975.

[13] Garrido C, Otero A, Cidras J. Theoretical model to calculate steady-state and transient ampacity and temperature in buried cables[J]. IEEE Power Engineering Review, 2007, 22(11): 54.

[14] Al-Saud M S, El-Kady M A, Findlay R D. A new approach to underground cable performance assessment[J]. Electric Power System Research, 2008, 78(5): 907-918.

[15] Hiranandani A. Calculation of conductor temperatures and ampacities of cable systems using a generalized finite difference model[J]. IEEE Power Engineering Review, 1991, 11(1): 36-38.